農產加工不只醬 ——

開箱地方創生的風土 WAY

目次

CHAPTER

3 第三章：後記 195

食品工業發展研究所退休研究員－林欣榜專訪

董事長序

蔡復進／財團法人農村發展基金會 董事長

農產品加工是引領人類生活持續演化進步的重要創新成果。無論是自家小規模的手作菜色，或是作為提升農家所得的產品，農產加工始終都是農鄉經濟與文化傳承的重要根基。那些常見的蘿蔔乾、鳳梨醬、醃瓜等家傳手藝，往往蘊藏著食物保存、文化傳承的農村智慧。

・

只是，隨著臺灣邁進工商業社會，農產品加工也出現過度強調商業利潤的產業模式，使得加工方式越來越仰賴各類型的添加物來降低成本，更因此被社會大眾視為是非天然、不健康的食品，反而扭曲了農產加工品的真正價值。近年來一波波的食安事件，不只掀起大眾對農業產銷問題的關切，更讓許多人憂心家中食物的安全。

・

如何翻轉這種負面認知，鼓勵農業工作者生產出健康且能兼顧社會經濟利益的農產加工品，儼然成為我們必須共同面對的挑戰。小農投入農產品加工的可貴之處，便是能夠因應作物的季節、產量，靈活地提供多元的農產品，既能延長農產品的銷售期，還能提高附加價值，提高農家收入。

・

為了更理解臺灣的農產品加工環境，農村發展基金會在前董事長謝志誠教授的領導下，積極策劃臺灣農產加工經驗專書，為本書的完成與出版，奠立不可抹滅的貢獻，在此也向目前轉任財團法人豐年社董事長的謝志誠教授表達誠摯謝意。

・

基金會同仁從 2018 年開始積極走訪各地加工業者，瞭解業者的克服各項

挑戰的營運經驗。拜訪過程中不難發現，農產的加值應用模式，往往會隨著地域條件差異而有所差異。本書所收錄的國內外案例，正反映出在不同條件下所發展的多元化農產加值應用模式。透過這些案例，不僅可以開拓農村發展的經濟策略，更可以看見加工產業是推動農產六級化整合的關鍵。農產加工，帶動的不只是農產品的加值利用，更透過擴展產業鏈的方式，增加就業機會、留住農村的勞動力。

本書出版之際，正值立法院三讀通過《農產品生產及驗證管理法》修正案。未來如何協助國內小農以兼顧實務與創新的方式，透過農產加工提升農產效益與農村福祉，更需要有明確的案例經驗和輔導機制來加以指引。如何讓消費者與各地小農也有機會接觸農產品加工的樣貌與案例，帶動社會大眾對農產加工的正面認識、為農產六級化的經驗擴散提供更實用的資訊，是農村發展基金會責無旁貸的工作。期盼透過本書農產加工案例的詳實介紹，讓消費者對農業與農村有更深一層的認識，並提供有志從事農產加工的農業工作者，掌握經濟加值的技術與經驗，串起生產與消費兩端共好的循環。

推薦序
—— 農產加工，帶動農業加值與地方發展的契機

謝志誠／
財團法人豐年社 董事長
財團法人農村發展基金會 第十一屆董事長

農產加工品早已是我們日常飲食中不可或缺的一部分，從古早味的菜乾、醬菜，到近日由農糧署大力輔導推廣，使用本土產銷履歷黃豆的「豆乳紅茶」上市，可以看到農產加工品的角色可以是農作物延伸的副產品，也可以是支持本土雜糧復興、穩定大豆生產的樞紐。

對我這個世代的人而言，農產加工品的起點就是農家副產品的延伸，惜食之餘也是家鄉滋味的記憶。虱目魚跟西瓜都是我的故鄉-臺南學甲的特產，西瓜綿蒸魚更是區域限定的魚鮮料理方式。「西瓜綿仔」是鄉間對於未成熟的小西瓜的稱呼，西瓜要種得又大又甜，結果時需靠人工疏果，每株西瓜就只能獨留一粒果實。疏果後的小果，農家捨不得丟棄，就會將其削皮醃漬；醃漬之後的西瓜綿帶有天然的果香，用來蒸魚或煮魚湯別有一番風味，也讓盛暑吃不下飯的時候，脾胃大開。

2013 年，我從臺大教職退休後，試著學習種植蔬果。每逢採收期，於去化生鮮蔬果之餘，在田邊社區媽媽們的協助下，透過簡單的日曬、醃製程序，製作醬花瓜、醃冬瓜、蘿蔔乾、泡菜等等的加工品，不僅延長蔬果的保存期限、解決產量過剩問題，增加農產附加價值。而且製作出來加工品更有別於生鮮蔬果的風味。由於是有機種植，加上嚴謹的加工過程，嚐過的人都讚不絕口。

不過，隨著農產加值觀念的提昇，加工品的樣貌也變得更多元而吸引人，強調健康的蔬果乾、天然果醬、米穀粉製品、到各款地域限定口味的米乖乖，以及富涵臺灣農產特色的精釀啤酒，農產加工品逐漸成為帶動產業升級的一環。甚至透過相關產業環節的合作串連，成為促進地方經濟及地域振興的重要解方。

．

此種以加工帶動地域經濟發展的作法，在農業型態與臺灣相近的日本已有相對成熟的經驗。三年前，我與關心國內農產加工發展的夥伴們前往日本宮崎縣交流，看到宮崎縣政府為了協助區域農業發展，陸續成立食品開發中心、加工實習室、食品安全分析中心與 Food Business 諮詢室等單位，透過專人的輔導，提供農民及創業者進行產品開發、打樣、法規諮詢及行銷建議等各方面的協助。交流過程中，我對於當地公、私部門協力投入農產加工鏈各個環節的努力，印象極為深刻。

．

目前，國內農政單位也致力於農業六級產業化的推動，今年更陸續成立區域農產品加工中心、農產加值打樣中心，並投入《農產品生產及驗證管理法》修法、納管農產品初級加工等政策措施，讓農產從一級生產、二級加工、到三級行銷，能夠一條鞭的輔導及管理，加速農業六級化的發展。

．

於前述趨勢下，在獲悉農委會擬透過修法將初級農業加工食品納歸農委會管理，我即於 2018 年請基金會同仁籌劃編寫一本農產加工專書，可惜未能於卸任前完成；唯在續任之蔡董事長的持續支持下，《農產加工不只醬 ── 開箱地方創生的風土 WAY 》一書終於順利出版，並囑咐我撰寫推薦序，極具承先啟後之意義。本書介紹了國內不同類型的農產加工者的創新與努力：有鄉村型農會，結合當地特產鳳梨與田媽媽家政班的手藝，製作出中秋節月銷萬盒佳績的鳳梨酥；也有臺大農藝系所年輕人利用白玉米、硬紅春麥、刺蔥等臺灣特色作物，投入啤酒開發的創業行動。這兩個案例看似純樸與新潮的兩端，卻都是農產加工品的展現，從在地原料出發，開啟農產加值與地方經濟的多元可能性。

．

閱讀《農產加工不只醬 —— 開箱地方創生的風土 WAY》的過程，我也深刻地感受到，本書不僅是寫給有志於農產加工者的參考，書中收錄的國內及日本案例，也都指引出消費者的支持，可以鼓舞更多農業創新與加值的行動，共同撐起臺灣農業的共好互惠網絡。我認為，此書是獻給參與農／食過程中的每一個人，包括你我，期盼我們能一起在農食協力的路上，並肩同行。

推薦序
—— 像我這樣的「加工食品控」

番紅花

金秋時節,全家人前往花蓮旅行。在新社部落的馬路上,我們看到一輛小貨車飄著裊裊輕煙,稍微接近就聞到炭烤的香氣。原來是部落媽媽帶著女兒販賣親手製作且現烤的「刺蔥香腸」。那香腸色澤腴潤,形體飽滿,透明的腸衣透出點點鮮綠色的刺蔥葉,炙烤的方式讓香料植物的特有迷人風味完全展現出來。路邊站著三個騎單車環島旅行的外籍年輕人,只見他們人手一串刺蔥香腸,臉上盡是滿足的表情。好奇一問,原來他們是從德國來臺學中文的大學生。

·

先來聊聊「刺蔥」。它有另一個美麗名字 —— 食茱萸,也因為莖幹布滿尖刺,鳥兒都沒辦法棲息,故又名「鳥不踏」。我記得家裡櫥櫃上還有一包去年購自「臺東慢食節」的曬乾刺蔥花葉。原民媽媽告訴我,最棒的使用方法是在燒烤鮮魚時,一邊將乾燥刺蔥磨成粉,起鍋前抓取適量輕輕灑在魚身之上,就會立刻充滿「部落感」,美味大大加分!新鮮的刺蔥葉我倒是沒見過,以為通常拿來煮湯,沒想到還可以與肉共舞做成「刺蔥香腸」,原民果真是天生的採集高手與野草魔法師。

·

烤香腸的氣味讓人飢腸轆轆,我們決定暫停旅步,欣賞部落媽媽俐落的身手。她身後不到幾公里,壯闊的太平洋捲起層層的銀線,海浪拍岸的聲音清晰和鳴。沿岸惡土的雜草木叢細瘦強健,各種形狀的葉子上,折射出迷離如幻的薄光。在海邊等待一串現烤的刺蔥香腸,實在太美,我們由衷感到不可言說的幸福。

·

等候的同時，兩個女兒和德國年輕人嘰嘰喳喳聊了起來。女兒告訴他們，臺灣的香腸和歐洲一樣，也會因應地方特色而「添加」不同食材，例如馬告香腸、高粱香腸、紅麴香腸、飛魚卵香腸、基隆肝腸……全臺從南到北騎一圈，不論山線、海線，都有對應當地飲食文化的香腸可嚐試，他們這一路騎腳踏車碰到肚子餓了，就來根香腸補充熱量和蛋白質，可說是機緣湊巧。

·

我在旁聽了頗為感動。原來從小到大，跟孩子們聊過、吃過的，他們全都記得。放假時我們經常在國內各鄉鎮登山健走，天涼時很容易在登山口看到香腸小攤車。我告訴孩子，香腸啦、火腿啦其實是非常古老、傳統且巧妙的肉類保存方式，不同的風乾或煙燻手法也為肉品的風味帶來微妙的變化。千萬年前，世界未有「冰箱」，彼時人類捕殺豬鹿等野生動物，必然面臨無法在鮮期內吃完一頭獸肉的困境，不知是誰的靈光一閃或不斷摸索，終於發現只要把肉曬乾、風乾，就可以長久存放，「香腸」於焉出現在人類的餐桌上，不僅讓得來不易的食材得以長期保存，也讓肉類料理的手法變得更豐富，更立體，然後更有趣。

·

雖然我喜歡在全臺各地的傳統市場尋找當令在地食材，但我也對各種加工食品著迷。只要時間允許，我會在超市的瓶瓶罐罐區或大稻埕的食材老店逗留甚久。臺灣各鄉鎮傳統醬料、高級烏參、扁魚乾、松茸罐……，香港的蠔豉與貝柱，日本的米麴發酵和鮭魚卵、明太子，東南亞的魚罐頭，歐洲嚐不盡的乳酪製品與風乾肉品、美國的油漬蔬菜和水果乾……，加工食品的世界廣大而深奧，永遠給我驚奇，怎麼樣也探究不完。

·

幾乎任何食物都可透過加工而使它保存得更久，價格更合宜，還能發展出多元的風味，讓我們在家裡的烹調更美味、更簡單。像是最近，我在竹東市場發現的寶物是一大束曬乾的仙草，我打算用它來燉一鍋「仙草雞」，讓雞湯除了干貝、鮑魚、蘿蔔等馥郁鮮味，也能有更多變化，讓家人品嚐得到爽甘回韻的傳統地方滋味。我認為現代人應該投入一些時間去提升自己對加工食品的認識，學習在日常煮食生活裡善用加工食品，一定能讓自

己的家庭料理更為從容、優雅、有特色,進而增加下廚做菜的自信、動力
與樂趣。

　　·

打開家裡冰箱,看到珍愛的各種加工食品排排站好的景象,給我滿滿的撫
慰。不論是國內大廠的規模化生產,或是地方媽媽的個人手做,或是小餐
館廚師的私房限量,或是國外農夫市集的手工品,只要製程乾淨、包裝簡
單、食材來源可信,我都會好奇心爆發,全部買回家研究如何用於烹調。
好比今天我為孩子做的便當主菜:「蔭冬瓜醬燒牛梅花」,主食材是跟熟識
老闆預定的國產牛肉,經過特別精選的部位新鮮又甘甜,當鑄鐵鍋傳出咕
嘟咕嘟聲,飄散出蔭醬與肉塊完美融合的香味時,家人已忍不住萬分期待,
恨不能馬上開鍋捏一塊肉,配一大口白飯。

　　·

這道主菜坊間雖不常見,但並不難做。只要冰箱隨時藏有一罐味道醇郁的
蔭冬瓜醬,再依照當日所準備的肉的份量,抓出想要的比例,舀出一至兩
大匙蔭冬瓜醬,就可以開火調理了。而我鍾愛的這罐「蔭冬瓜醬」,不是
什麼知名大牌子,是內湖五指山上一位七十歲太太手作。幾十年來,她在
自家土地種植季節蔬菜和芭蕉,盛產蔬果吃不完也賣不完的,就遵循傳統
方式將它們醃漬保存。一到週末,就把當日新鮮蔬果和瓶瓶罐罐加工物放
在自家門口桌上,隨緣賣給路過登山客或像我這樣特地過來的熟客。

　　·

這位阿姨做的「蔭冬瓜醬」,冬瓜來自自家田園,瓜肉綿密而不爛,口感
引如入勝。其所搭配的豆醬甜鹹度掌握精熟、完美,讓「蔭冬瓜醬」不死
鹹,回甘的韻味綿綿持久,不愧是鄉間釀漬達人。第一口就征服我這挑剔
鬼,自此成為家裡冰箱的常駐食材,拿來蒸魚、燒肉或單配稀飯都甚受家
人喜歡。沒想到新鮮冬瓜如此活力多變,可做成甜的冬瓜茶磚,也可以經
過曬乾、醃漬,轉身成為蔭冬瓜醬,讓我的無水牛肉料理收汁收得漂亮又
好吃下飯。

　　·

像我這樣的「加工食品控」,為家人做飯的這二十年,受惠於加工食品之
處甚多。加工食品蘊含常民生活智慧,又隨著食品工業的科技進步而日益

精妙多元。不論我行走於國內外的農夫市集或地方超市、菜市場，加工食品展售區始終令我流連而不忍去。每個攤位的每一罐我都會拿起來細細端詳，別看它們一罐一罐長得好像都「差不多」、其貌不揚、顏色灰灰土土，其實任何細節的調整，都會讓它們的風味產生讓人驚喜的變化。

・

醬油加上柚子汁不一樣喔！

檸檬用鹽漬或用糖漬也各有千秋！

打開草菇罐就可以和排骨、香菜煮成湯，讓你穿越時空，

瞬間回到六〇年代！

高麗菜乾滷肉超級好吃！

阿里山的山豬肉做成香腸是極品！

・

凡此種種驚奇場面，族繁不及備載。新鮮食材的美味當然不容懷疑，但加工過程卻也賦予食材另一種新表情和新味道，值得我們去認識去鑽研，進而呈現出我們家庭料理的溫厚與美好。而我人生加工食品的初體驗，是來自小時候和媽媽一起釀的荔枝酒。

・

彼時媽媽是個蠟燭兩頭燒的傳統職業婦女，既要工作又要持家。我們五個年齡相近的孩子，日日爭奪媽媽的目光和抱抱，和媽媽相處的一切，總是珍貴而歡喜。七歲時在家裡的榻榻米上，愛釀酒的媽媽搬出一只大玻璃甕。打開蓋子，濃郁的荔枝香氣竄鼻而來。她倒了一小杯要我沾唇試試滋味，那獨特的場景令我永生難忘。接著媽媽告訴我，當荔枝又多又便宜時，我們就把它拿來釀酒，只要有荔枝、冰糖和時間就可以了。當時母親品酒的笑容深印我心，想來當晚的那一小杯自釀水果酒，對當時家用捉襟見肘的她和父親來說，有著療癒撫慰之大用。我也因此深刻體會到，飲食不是只有「吃飽」，我們也追求飲食所帶來的「氛圍」和「趣味」。

・

現在我熱愛烘焙的女兒也喜歡在考試壓力大、讀書讀得很累時，自己動手做甜點，最拿手的是「檸檬磅蛋糕」。這款蛋糕最費工的部分是在自製糖漬檸檬皮（或柚子皮）時，必須有很好的刀工，將檸檬皮切成條狀，並

且小心去除黏附在果皮上會帶來苦味的白色木髓，再經過煮沸、風乾、烤乾……等過程，得花上半天時間才能成功做出一小碗黃澄甜蜜的糖漬檸檬皮。

·

每當我買到當季的梅爾檸檬，女兒的甜點魂就會被燃起。我想，「手作」是會讓人上癮的。它讓我們意識到自己也可以是個「有能力的生產者」，解除我們偶有的厭世感，做一夜干、釀水果酒、醃小黃瓜、醃雪裡紅、曬香蕉乾、打花生醬、試試看將有機火龍果皮熬煮成酸甜平衡的果醬……等，這些簡單小加工就是我的日常生活裡的小確幸。

·

接下來我希望可以和我的香港媽媽友人學習活用臺灣海鮮來做粵式 XO 醬。澎湖的貝柱、蝦米、小管、辣椒等食材一定很適合。XO 醬拌麵或拌飯都百搭，也是我向今夏香港的致敬，我想學會香港民間媽媽味的 XO 醬，封存我年輕時對香港美好的回憶，並願，榮光歸香港。

CHAPTER

1

第一章

打開「臺灣農產加工」史

林寬宏／黃仁志

打開「臺灣農產加工」史

每個人在日常生活中都會與農產加工品不期而遇。從抹土司的果醬、搭配滷肉飯的黃蘿蔔，或是晚餐吃牛肉麵時的一匙酸菜，都是經過細心冶煉之後的農產滋味。

.

只是，談起農產品如何加工，卻不見得每個人都能鉅細靡遺地說出乾物、醃漬品等農產加工品的製作過程。這些看似不起眼的加工保存方法，是臺灣飲食文化中不可或缺的一塊拼圖。加工後的農產品，不只提供人們味蕾的享受，更傳達農村生活的精髓。透過加工，我們以時光魔法將鮮味封存，展現人類留住自然恩賜的智慧。

地方媽媽的手路菜

年輕世代也許很難想像，1970 年代以前，肉類是逢年過節才會端上餐桌的奢侈品，日常餐食最常見的佐料就是各式各樣的醬菜。日據時期出版的「民俗臺灣 01」雜誌就曾記載，當時多數的臺灣人幾乎每餐都會佐漬物下飯。農產加工品，是家家戶戶展現手藝、豐富日常餐桌滋味，以及提升農作收獲價值的心血結晶。

.

過去將農產品加工以便保存的原因，主要是因為傳統農村中社會與經濟資源較為不足、外食機會少，不僅巷口沒有小吃攤、也沒有 7-11 和全聯，獲

取食物的方式不若今日那麼容易。農家生計不易，以金錢採購食物的意願也低，但仍需為每日三餐飯桌上的食物內容傷腦筋。因此，以手藝善用自然恩賜來製作農產加工品，就顯得更為重要。

．

當時的農產品加工保存是農家大事。餵飽一家老小，製作保存食品，成為農家婦女必備的技藝。舉凡醃漬、乾燥、煙燻、發酵等，把芥菜醃成酸菜、蘿蔔曬成蘿蔔乾，也會做香腸和臘肉，作為來年的糧食儲備，更依據地域風土條件發展出不一樣的食品保存方法。大夥兒趁著作物的盛產季節，在追求保鮮之餘，還能透過加工保存方法獲得與鮮食不同而更加醇厚鮮美的味道。

．

隨著時代變遷和工商業發展，保存食物不再限於農村家庭手藝，加工生產場域不再限於自家空間。不只一批批善於醃漬醬菜職人匠師逐漸受到重視，農產加工保存食品，跳脫家庭式的小規模製作與販售，更結合工業化的生產方式和商業行銷策略，儼然成為新興的「農產加工產業」。

臺灣鳳梨罐頭外銷帶動農產加工起步

臺灣不但能夠生產品種豐富且量多質精的熱帶水果，日治時代出現的鳳梨罐頭，更是帶領臺灣農產加工產業進入新紀元的關鍵。當時鳳梨的酸甜滋味，擄獲日本人刁鑽的味蕾，還曾經特別進貢給日本天皇。只是，鮮果有著不易保存的缺點。因此，日本政府便於高雄鳳山設立臺灣第一座鳳梨罐頭工廠。日本總督府有計畫地針對鳳梨的耕種技術、病蟲害防治與罐頭製造技術進行研究，不只培植臺灣的製糖產業，奠定了臺灣水果罐頭加工產業的基礎。

．

隨著縱貫鐵路通車及相關獎勵投資計畫啟動，員林與台北等地也相繼出現不少小型鳳梨罐頭加工廠，帶動農民一股搶種鳳梨的熱潮。之後，為壓低生產成本，日本總督府還從夏威夷引進俗稱土鳳梨的「開英種」鳳梨，企圖取代本地的「在來種」鳳梨，整合自營農場與在地工廠的生產模式，形成一條龍的加工生產線，大大提升臺灣鳳梨罐頭在國際上的競爭力。不料

1930 年世界大戰期間,全球經濟大蕭條也引發國內的同業競爭,總督府更因此整併臺灣既有工廠,成立「臺灣合同鳳梨株式會社」,確保原料與罐頭的價格穩定,但結果仍無力回天。1941 年日本襲擊珍珠港後,外銷市場就此中斷,也為日治時代的鳳梨加工產業劃下句點。

締造「三罐王」出口銷售的輝煌紀錄

二次世界大戰結束後,國民政府遷臺,1947 年臺灣省行政長官公署農林處接收日資會社,成立「臺灣農林股份有限公司」。政府也開始接受美國援助,成立「中國農村復興委員會」(以下簡稱農復會)。農復會的任務除加速糧食生產外,當時也基於日治時期推展鳳梨加工的成績,積極輔導臺灣的鳳梨加工業,成立「臺灣鳳梨股份有限公司」,外銷罐頭賺取外匯,期待「以農養工」。在農復會的技術輔導下,首先著手解決外銷罐頭膨罐、霉菌污染退貨的問題,鳳梨罐頭逐漸回復大量生產的榮景。

1950 年代中旬之後,在鹽與糖外銷退稅政策 02 的推動下,加上農村中逐漸增多的勞動力,不僅帶動罐頭、蜜餞與冷凍等農產加工業紛紛興起,更促成臺灣醃漬與蜜餞食品的外銷。自 1950 至 1970 年代罐頭外銷的黃金時期,除了鳳梨罐頭產業持續發展之外,以既有的製罐設備與加工技術為基礎,更陸續研發出洋菇、削皮白蘆筍罐頭,推出後獲國際好評,聯袂登上全球市佔第一寶座,寫下臺灣鳳梨、洋菇、蘆筍「三罐王」的輝煌歷史。

從一戶加工廠走向整個農村

為改善當時耕作傳統農作物的農民,僅能賺取相對微薄利潤的困境,1950 至 1970 年代也開始輔導各地農會與產銷班,共同推動農村小型加工計畫。有別於洋菇、蘆筍大規模的種植型態,第一期農村小型加工計畫更聚焦在地農產加工,陸續發展出榨菜、醬油、果醬、養生豆奶等產品,為百餘鄉鎮提高當地農產的附加價值。

之後,因為政府決心爭取更多外匯,全力拓展罐頭工業的外銷市場,農村小型加工計畫短暫停擺。直到 1976 年,冬季蔬菜盛產,眼看農產豐收卻白

白浪費，加上農民血本無歸的心酸，政府決定重啟農村小型食品加工計畫。第二期擴大整合農委會、臺灣省政府農林廳、食品工業發展研究所 03、各地農業改良場、外貿協會、各地農會等資源，協助農產品加工的開發與行銷。至此，政府正視農產加工可能是解決在地農產過剩危機的重要出路。

．

農村發展加工，不只改善農民生活、提升農耕價值，更讓當時農村的勞動力有了新出口。此外，結合各地農會契約生產的農產加工品外銷，不僅讓農會可以從蘆筍與洋菇等契作中獲得為數可觀的手續費收入，幫助農業推廣業務。農民因此獲得的收入也多直接存入農會信用部帳戶，養成農民儲蓄習慣，更讓農村的金融體系得以更靈活調節，活絡農村整體經濟。

加工產業調節國內市場供需

1970 年代盛行的「以農養工」，同時也使農村產生深刻的變化。農產加工雖然造就農村產業轉型，但工業發展所帶來的城市繁榮和生活水準提高，也連帶加快農村人口外流，更為農村人口結構埋下高齡化的問題。此外，日漸增加的原物料成本和勞工薪資，也使得食品加工出口的國際競爭優勢不再。原本依賴外銷的加工業，要不就是將生產加工基地轉移至勞動力與材料更便宜的發展中國家，要不就是轉向「內需」零售市場。國內農產加工品消費市場的經營越來越重要。

．

然而，臺灣蔬果內銷市場始終有限。缺乏計畫生產的規劃，先前又未曾有過針對國內市場的加工配套措施，導致生鮮蔬果常常因為供給失衡，造成大幅度的價格波動，開始上演「菜土菜金」的劇碼。1981 年，芒果生產過剩，玉井農會轉請食品廠加工，仍無法解決龐大產量，於是決定投入曾文溪銷毀，這次事件讓政府意識到穀賤傷農的嚴重性，為減少農民損失和資源浪費，農政單位也嘗試透過產季調節、加工輔導的方式，減少生產過量造成的農業災情。

．

只是，當時要透過加工調節的方式，不但耗費時間，又不見得能夠賣出媲美鮮果的好價錢，農民多只願將次級品拿去做加工。而只在產銷失調時才

做加工的想法，也使得農產加工的消費者市場經營更加不易。

消費者健康意識抬頭

從民眾的消費習慣轉變來看，冷藏與冷凍科技的普及化，使電冰箱已成為每個家庭的必備設備，家家戶戶要保存食物變得更加便利。在健康意識抬頭下，國人的蔬果消費習慣更強調鮮食為主，過去使用大量鹽或糖進行保存的加工食品不再廣受社會大眾青睞，使傳統的農產加工越發出現沒落。

1979 年因加工廠管線破裂而遭到多氯聯苯汙染的「米糠油 04」事件，驚爆農產加工食品潛在的食安危機，一時之間人心惶惶。但危機也帶來轉機，促成社會重視農產加工的安全問題。1980 年代後，農產加工開始進入「特定消費」與「高附加價值產品導向」階段，再加上結合生物科技的機能食品研發逐漸盛行，使得各種客製化、高機能的農產加工品應運而生。

農村社區打造自有品牌

於此同時，農村社區的整體活化也成為政策關注焦點。1980 年代末期，經濟部援引日本「一村一品 05」的推動經驗，打算彙整臺灣地方特色產業的輔導案例與經驗，透過整體行銷的商業策略，以「一鄉一特色」的構想，結合地方特產、休憩服務、特色伴手禮等元素，共同建構地方品牌。

之後的農村社區發展政策，不論是社區總體營造 06、一鄉一休閒農漁園區計畫 07、地方特產伴手發展等計畫 08，也都循著此一脈絡為主要的經濟策略，試圖從中發展農村繁盛的可能。尤其臺灣在 2002 年加入世界貿易組織後，少了進口關稅的保護，國外廉價農產品大舉入境，全球化的農業市場競爭迫使臺灣農業走到轉型的十字路口。

後端加工引導地方生產

隨著越來越多的返鄉務農者投入農產加工，政府也在這波農藝復興的浪潮之下思考新的政策需求，以期能更積極協助農民進行優質農產品的加工與產銷工作。以國產稻米為例，面對飲食西化與食品選擇越趨多元化的主食

消費模式改變，農委會除在耕作生產端積極輔導農民轉種雜糧、改變耕種模式，以及透過食農教育推廣本土稻米外，也積極研發新的稻米品種，並開發米麵包、米麵條等米穀粉的多元應用，以期帶動稻米的銷售量。

・

在蔬果加工部分，農糧署持續輔導既有的民間農產加工廠轉型為「區域農產加工中心 09」，與地方的生產專區和農民團體等進行垂直整合，推動產銷體系與契約生產，協助加工中心肩負起「從後端加工引導一級生產」，與「處理區域過剩農產」的去化 10 功能。

・

因此，除了生產加工端的努力外，消費端的經營也同樣重要。加工生產者必須了解消費者的需求，才能知道該如何從後端加工引導一級生產，進而產生「計畫生產、穩定產銷」的效果。

農村青年的農業六級化

食品安全、糧食主權、城鄉均衡發展的議題越來越受到社會關注，休閒農業、精緻農業、農業六級化 11 的案例實踐也開始在各地萌芽。再加上近年吹起的青年返鄉潮，許多對鄉土生活有憧憬的年輕人，帶著創意思維在農村創業，期望能與社區共同帶動地方產業的復甦發展。

・

許多小農也投入手作生產，在小農市集販售自家的果醬、蜜餞等，既能延長蔬果保存期限，也為自己增加多元收入。這些創意新農所開創的小農加工方式，或是與食品加工場之間的代工合作，都為臺灣農業與農村帶來豐沛的社會與經濟活力。

・

只是，農友要投入農產加工行列，不只在開發新產品時要克服食品加工技術問題，後續還有衛生條件、法規限制、後續行銷種種嚴苛挑戰，也有不少農友因為擔心成本效益，不敢貿然投入生產。為加速臺灣農業邁向六級化發展，2019 年底，立法院三讀通過《農產品生產及驗證管理法 12》部分條文修正案，賦予農委會「初級加工農產品」的管理權限，允許從事乾燥、粉碎、碾製和焙炒等四大類加工品項，或已取得產銷履歷加工驗證、有機

加工驗證者，能申請「合法工場執照」，有助於業者提升衛生安全條件及
產品流通管道，提高收入。

．

同時，政府也參照日本宮崎縣的經驗，結合農業試驗所和農業改良場的農
產加工輔導經驗，先後在花蓮、臺東、臺中、臺南、高雄區改良場及農業
試驗所成立六處「農產加值打樣中心 13」，並在南投成立「農產加工整合
服務中心 14」。這些中心不只提供加工設備和技術服務，還有專業諮詢團
隊陪伴，希望能降低農友的新產品開發成本，並結合後續包裝與行銷的輔
導評估，提升農業加工品上市的可行性。

「芒果乾」續寫「臺灣農產加工史」

臺灣的農產加工發展歷經多次轉型，在各個時空背景中承載著不同的任務。
從食物保存的技藝、地域飲食文化的展現、加工業者的經濟收益，到區域
中心調節產銷與加工整合促進產業升級等，在在顯示，農產加工是支持臺
灣社會經濟活動不可或缺的一環。

而本書中與臺灣發展現況對話的日本案例，埼玉縣的小麥與山形縣的稻米
加工產業鏈，均顯現出結合地方網絡的自主串連，透過農業多元化發展活
絡地方經濟的可行性。

．

對政府部門而言，提升農產加工的質量，讓一級農業的生產技術提升，結
合二級加工的創新研發，以及三級服務行銷的市場競爭能力，進而帶動更
廣泛的農業與食品產業效益，是未來農政單位必須面對的挑戰。

．

在農產加值輔導、資源協助及法令調整陸續到位後，更需在地農業生產者、
農產加工業者及農創業者的共同努力，為臺灣的農產品開創更多元的可能
性。探尋臺灣各地農產加工經驗的過程中，我們看見曾經歷經滯銷而被倒
入曾文溪的芒果，同樣也是激勵政府投入研發區域加工的動力，因而才有
眾所周知的芒果乾。

如何為下一代留住土地、留住記憶？

本書各個篇章中的農產加工從業人員，不只是夢想家也是做實事的人，不僅止於企業家更是社區創生工作者，在土地環境的有限資源下，解決問題絕處逢生、精益求精開拓市場；在促進地方農業發展的前提下，帶動區域濟復甦；在建立自有品牌的同時，也提高臺灣風土孕育的農產品在國際的能見度。

在強調農產加工的重要性的同時，我們期待本書為社會引介農產加工產業，不論是在品質要求、專業技術、產業規模、社區協作與社會參與的各個層面。

未來如何全方位提升農業的多功能產值，打造臺灣的優良農產與安全食品，為土地人民帶回農食共好的價值實踐，值得社會大眾一起關注。一個產值穩定又體質健全的農產加工產業，很有可能，是我們一起為下一代，封存時間，記憶人情，留住土地的最好解答。

註

◉ 01 │ 民俗臺灣

民俗臺灣創刊於昭和十六年（西元 1941 年），是臺灣第一份探討地方民俗文化的專門刊物。

◉ 02 │ 外銷退稅政策

政府於 1956 年建立外銷沖退稅制度，只要使用進口的原料投入加工並外銷出口，就能夠享有退稅優惠。

◉ 03 │ 食品工業發展研究所

臺灣 1960 年代以食品罐頭、製糖作為主要出口產品，當時食品加工產業仍有許多技術問題待克服，卻苦無協助技術開發的研究單位，因此 1965 年由「臺灣罐頭食品工業同業公會」與「中國農村復興聯合委員會」共同捐資設立食品所。

◉ 04 │ 米糠油

1979 年夏季，彰化縣溪湖鎮彰化油脂企業股份有限公司，在製造米糠油的過程中，為了除去米糠油的異色和異味而進行加熱處理，卻未注意老舊的加熱管已產生裂縫，導致作為傳熱介質的多氯聯苯洩漏並污染了米糠油，整個中部地區約有兩千人受害，患者臉上出現黑瘡（氯痤瘡）等皮膚病變，甚至還造成免疫系統失調。
參考資料：米糠油中毒事件（https://reurl.cc/0zkoQo；瀏覽日期：2019.11.19）

◉ 05 │ 一村一品

1979 年，平松首彥上任大分縣知事（等同台灣的縣市長）後，看見鄉村貧困的狀況，提出每鄉、每村應該都要提出具有區域特色地方且令民眾驕傲的東西，不論是農產、工藝產品或是生態旅遊資源，都能包裝成產品，藉此突顯地方特殊的人文地產，帶動地方的經濟活動。
參考資料：一村一品運動（https://reurl.cc/72YXWy；瀏覽日期：2019.11.19）

◉ 06 │ 社區總體營造

1994 年由行政院文建會（現文化部）提出，結合日本「造町」、英國「社區建造」（community building）與美國「社區設計」（community design）等概念，強調社區生命共同體意識、社區參與和社區文化的重要性。參考資料：社區總體營造（https://reurl.cc/NaOjg6；瀏覽日期：2019.11.19）

◉ 07 │ 一鄉一休閒農漁休閒園區計畫

有鑑傳統農業產銷工作於都市地區推動困難，為突破瓶頸。1990 年開始，農委會將發展休閒農業列入農業政策中，修訂休閒農業相關法規，加強休閒農業教育訓練與宣導工作，並劃定休閒農業區與休閒農場設置，但此舉令休閒農業各自發展，造成資源分散，導致整體力量很難發揮作用。因此，2001 年起改變策略，整合園區內農場、農園、民宿或所有景點資源，以策略聯盟方式構成帶狀休閒農業園區，帶動鄉村社區整體發展。

◉ 08 │ 地方特產伴手發展

2003 年開始，農委會推動「地方伴手禮」計畫，輔導各地方農漁會、農場等單位生產及利用在地農特產品，開發具地方特色和市場價值的旅遊伴手禮，提升產品附加價值。

◉ 09 │ 區域農產加工中心

2017 年開始，農糧署於於新竹、苗栗、雲林、南投、高雄等雜糧、水果重要產區，設置 8 處區域農產品加工中心，提供農民代工需求及促進農產品加值，以協助穩定產銷，並拓展國產農產品多元市場，促進農產加工業永續發展。

◉ 10 │ 去化

透過行銷促銷、加工、輔導外銷及去化格外品等措施維護蔬果產地價格。

◉ 11 │ 農業六級化

概念援引自日本農山漁村的六級產業化，指農業生產（一級）Ｘ 農產加工（二級）Ｘ 包裝行銷服務（三級）的產業發展模式，各產業鏈相互串連，發揮最大的相乘效果。參考資料：日本六級產業化政策及其對我國施政之啟示（https://reurl.cc/Qp2zNM；瀏覽日期：2019.11.19）

◉ 12 │ 農產品生產及驗證管理法

資料來源：劃時代改變，小農加工正式取得法源！立院三讀通過，農地或農舍可做初級食品加工（https://reurl.cc/RdQNyr；瀏覽日期：2019.12.06）

◉ 13 │ 農產加值打樣中心

資料來源：農產加值打樣中心啟用 開創農產加工新里程（https://reurl.cc/31kvZ8；瀏覽日期：2019.11.19）

◉ 14 │ 農產加工整合服務中心

資料來源：農產加工整合服務中心開幕，提供完整解決方案（https://reurl.cc/6gGrYO；瀏覽日期：2019.11.19）

CHAPTER

2

第二章

開箱地方創生的風土 WAY

01 農產加工教戰守則

農產加工廠,對農民來說,或許是守護辛勤工作的最後堡壘;對創業者來說,可能是拼搏身家的試煉場。農產加工食品,是手藝人堅持的一個個作品,是消費者品嚐的一缸缸好滋味。

不同地區的風土條件與社經條件各異,影響了當地進行農產加工的核心營運單位、主要產品和運作型態。為了讓讀者容易掌握不同規模的加工經驗差異,本書將案例依照核心營運單位,分為下列三種類型:

區域篇 │ 透過加工業者的努力,橫向串連農民、加工廠與消費者,形成地域性的完整農產加工價值鏈,或嘗試以銷量復育特定作物、或將利潤回饋社區照護需求,改善區域社經環境。

自造篇 │ 因應小農生產多樣化的特性,小規模加工業者常常身兼作物生產、二級加工、創意行銷數職,同時善用既有空間,規劃符合規定的作業場域,秉持少量多樣的加工模式。

農會篇 │ 農會是整合地方農業生產、倉儲、銷售的重要關鍵,因應地方特性的農產品,發展出多元的加工模式,不但能夠協助農友去化盛產的果物,農產的加值也能提升農家收入、支持農村的永續發展。

農產品加工是農業生產者、食品加工技術研發單位、消費者大眾共同組構的農食探險之旅。如何利用地方特有的環境條件，冶煉出在地的風土滋味，讓農產品加工串接起地域共好、城鄉共生的可能性，需要更多新血參與，一起探勘屬於臺灣農村的理路。

‧

本書的案例經驗顯示，要發展出在地成功的農產加工產業鏈，關鍵因素在於是否有具備創意和實踐能力的「行動者」。期望藉由本書的案例，能為有心投入農產品加工的創意行動者，帶來可供參照的教戰守則與穩健踏實的鼓舞動力。

02 牽手最有愛之 WAY ── 區域篇

001 | 留住土地記憶的酸甘甜 —— 蜜旺果舖

林寬宏

七月的清晨，天剛亮，空氣中已瀰漫著芒果特有的香甜味道。位於臺南玉井的蜜旺果舖已進入戰備狀態，處理廠內十名員工一字排開，迅速將成熟的愛文芒果削皮、切片。有著「橃 01 哥」稱號的蜜旺果舖創辦人賴永坤，則在馬路另一頭的烘乾室，緊盯著果乾，不時叮嚀著果乾翻面的時機，確保每片果乾在四十小時的低溫烘烤後，都能保有鮮紅色澤與香Q口感。

．

每年七、八月是愛文芒果的產季，也是蜜旺果舖最繁忙的期間。獲得 2012 年臺南芒果節果乾評鑑第一名殊榮的賴永坤，談起芒果就會流露出特別的情感。愛文、凱特、金煌……細數家中種植的芒果品項，黝黑的臉龐微微綻放靦覥的微笑，眼睛更是散發著光芒。

還是玉井的愛文最甜

1962 年，芒果之父鄭罕池在農復會的協助下，種下從美國引進的一百棵愛文芒果樹，隔年宣告試種成功。儘管因技術不純熟，又遭逢霜害，當時只有四棵果樹碩果僅存。愛文於此落地生根，成功扭轉了這個鄰山小鎮的命運，奠定了玉井「芒果之鄉」的基礎，更在 1973 年成立全臺最早的愛文芒果生產專區 02。

．

「一切都是老天的安排吧！」賴永坤笑稱這個玉井當年發生的大事，讓他從此與芒果結下不解之緣。在玉井長大的他，見證了芒果產業的興衰。他見過父親豐收時的喜悅，也親歷芒果倒入曾文溪的哀傷。童年時期有很大

鮮的芒果，果皮帶有一層薄
的果粉。林寬宏／攝影·

一部份的時光都在芒果園度過，暑假更是得天天到果園報到。

·

求學路上，賴永坤一路過關斬將，終於進入臺灣的最高學府就讀。畢業後，依循家中期待，在臺北成家立業，但心中念念不忘家鄉田野生活的一切，始終無法適應都市緊張、喧鬧的環境，也放不下家中的長輩。掛念著年邁的雙親獨自顧著五甲的芒果園，總覺得於心不忍，加上自己喜歡「日出而作、日入而息」的生活，便興起回鄉的念頭。

芒果紅了

為了讓家人做好心理建設，賴永坤在正式搬回臺南之前，醞釀了一整年。農忙時節，賴永坤每週六都請假，週五晚上從臺北搭客運回玉井，週日晚間再坐夜車回臺北。儘管舟車勞頓與體力勞動讓他相當疲累，但看著家鄉熟悉的景物，心裡卻有著踏實的感覺。

·

費了一番功夫說服父母、妻子，賴永坤在 28 歲那年（1991 年）回鄉定居，並與父親合作，共同管理五公頃的芒果園，從頭學起芒果園的管理知識。玉井是日照充足的淺山氣候，搭配鹼性的石灰岩與白堊土，能夠生產出品質一等的芒果。看著夏日樹上逐漸紅透的愛文，賴永坤藏不住內心欣喜，回鄉果然是個正確的決定。

在欉紅無千日好

芒果雖然為玉井帶來前所未有的高收益，但天候因素影響每年芒果的產量甚鉅，當地農家深信「一年大出、一年歉收」的產量循環，透露出玉井芒果常得面臨「敗市」危機。

·

回鄉隔年，賴永坤立即遭遇挑戰。整個玉井又一次迎來了芒果豐收，低氣壓卻籠罩著整個家族，人人擔憂著芒果銷路，絲毫沒有豐收的喜悅。賴永坤進一步解釋，以玉井愛文芒果為例，當時鮮果是芒果的主要銷售管道，每年七、八月的盛產期，雖然在欉紅 03 的芒果滋味最香甜，但是自然熟成果實的成熟步調不一，農民得天天去巡田、採果，並把握時間趕去玉井芒

果拍賣市場，盼能賣出好價錢。

·

但自然成熟的芒果並不耐儲存，又需要長途運輸，只要當天鮮果沒在拍賣市場賣掉，隔天價格便立刻腰斬。攤販會依據表皮的果粉分佈、果肉的軟硬度，將優等果和表皮受損、患炭疽病 04 的一起打入次級果。

尋找記憶中的愛文滋味

那年，賴家堆積成山的芒果只能被迫整車整車倒掉，看著父親憔悴的神情，賴永坤不甘願一整年辛勤的成果付諸流水，心裡思忖著，除了鮮果販賣之外的其他出路。

·

高學歷的賴永坤返鄉風聲在玉井當地傳開之後，旋即獲得許多關注。正好當時農政單位開始推動「農地利用綜合規劃計畫 05」，希望透過輔導地區農民成立產銷班，提高規模經濟及農地利用效率，增加農民所得。賴永坤便獲得時任玉井農會幹事的江樹人積極舉薦，希望借用他商學院管理知識，組織果樹生產產銷班，並成立芒果加工站，從事地區水果加工之研發與生產。

·

在農會的輔導之下，賴永坤跟農會借貸買地蓋工廠、添購設備，嘗試與產銷班成員合作，將果皮有黑斑、果粒較小的次級果拿來加工成芒果乾，試著解決次級果低價、滯銷的問題。

·

賴永坤參加了農民加工訓練課程，學習果乾製作方法。起初學到的是菲律賓的果乾技術，將半熟的芒果以糖一層層醃漬，化學添加物免不了，儘管此種製作方式能有效延長保存期限，對賴永坤來說，無法完整保存他熟悉的熟成風味。

·

為了尋找記憶中的愛文滋味，賴永坤上圖書館研讀資料，跑遍各地農改場與大學，參加各類的果乾研習課程。起初，賴永坤抓不到果乾製作的訣竅，烘烤出來的果乾非但色澤暗沉，吃起來乾巴巴的，消費者根本不會買單，

·芒果烘乾前，以糖漬處理，利
高滲透壓降低水分含量，延長＿
品的保存期限。林寬宏／攝影

·蜜旺果舖的果乾製程，提供花＿
新住民與二度就業婦女工作機＿
林寬宏／攝影·

只能全數忍痛丟棄。第二年，產銷班員禁不住虧損壓力，一個個選擇退出。賴永坤心裡不斷思考著：「如何在避免化學添加劑的前提下保持色香味？」、「如何解決果乾褐變的問題？」否則稍有差池，整爐上百、上千斤的芒果都會全部報廢！

「蜜旺」果成熟時

空有設備，技術尚在摸索階段，身上又有貸款壓力，賴永坤只能和太太咬牙苦撐。「剛開始什麼都不懂，自己去摸索，然後早上又要出來採芒果。曾經一個多禮拜，農忙期的時候，我們都沒有闔上眼睛。就這樣一直忙，在園子從早上忙到天黑，回家又要忙加工。」

·

這段期間，賴永坤就在顧客反應和果乾實驗中來回汲取經驗。經過不斷嘗試，終於發現，芒果保鮮程度與烘烤溫度控制，是果乾的保鮮關鍵！若過程稍有延遲或處理不當，很容易發酵過頭與孳生細菌，「一次損失就是好幾萬塊」。摸索了三年才慢慢上軌道，最終做出帶有金黃色澤，柔軟卻又有嚼勁的芒果乾。

·

加工產品最好能建立品牌與通路行銷，賴永坤取《本草綱目拾遺》所載芒果古名─蜜望果的諧音，成立「蜜旺果舖」。推廣初期，他與妻子曾麗鴛會在農閒時開著廂型車參加北、中、南各地的農產展售會，曾創下一年三、四十週都在外頭跑的紀錄。還好產品大獲好評，來自玉井的蜜望果，終於迎來再一次的春天。

跟農友一起田間管理

有了成功的果乾加工經驗，為維持穩定的貨源，賴永坤除將自家的愛文、凱特都投入加工外，也嘗試與玉井農友契作生產，推廣鮮果分級制度，並以高於市價的方式與農民保價收購。

·

然而，加工技術固然重要，前端的作物照顧也是左右產品好壞的關鍵。農家出身的賴永坤知道照顧芒果需要耗費巨大的心力，因此特別花時間與農

民交陪，時不時就到農友的果園泡茶，還常常邀集農友一同吃飯，在閒聊中伺機帶入田間管理的討論。比方說，每年產季結束後，正是芒果樹休養生息的時機，賴永坤得把握時間和農民宣導果樹照養的重要性，推廣「提早套袋」、「減少用藥」等友善理念。賴永坤笑著說，若「月子」做不好，新芽發得不夠多，明年果樹的生產狀況一定不好。

開闢果乾市場新藍海

芒果乾生意上軌道後，賴永坤開始思索其他果乾的可能性。此外，芒果產季集中在夏季，果乾工廠的閒置期長，頗不符經濟效益。賴永坤在蜜旺果舖品牌成立後，也開始嘗試將在地有滯銷疑慮的果物製成果乾，量產上市，舉凡楊桃、芭樂、鳳梨、木瓜都是賴永坤的實驗對象。

·

迄今，蜜旺果舖與農友契作生產的芒果面積已達五十公頃，合作農友約有三十多位，最遠的甚至住在屏東枋山。每年二月開始，蜜旺果舖的工廠就開始進入繁忙期，從情人果乾加工開始，一直做到九月底凱特芒果產季結束，中間的空檔就製作楊桃、鳳梨、芭樂果乾。

·

看著小農經濟興起，越來越多人願意投入加工行列，賴永坤對此則是一喜一憂。喜的是有越來越多人願意投入農業，為土地奉獻；但另一方面，有賴烘乾設備的研發，果乾的技術門檻已大大降低，果乾市場已面臨飽和。為此，除了做果乾外，賴永坤與擅長烘焙的曾麗鴛合作，將近年很夯的可可結合芒果乾，成功研發出巧克力芒果條、芒果餡生巧克力、芒果巧克力酥，提升產品工藝等級，開闢果乾市場的新藍海。

孩子也吃得到的幸福感

談起農村的食品加工，曾獲得農林廳模範農民的賴永坤有一套見解，他認為，加工產業發展是健全農村非常重要的環節。對在地加工業者來說，因為鄰近產地，可以有效減少運輸成本，加上果物新鮮，能夠製作出更高品質的產品；另一方面，對於農民而言，也可以去化農產品，就近將次級果送到加工廠。

蜜旺果舖身為一個區域的加工中心，除了果品多來自玉井，更因為每個季節都要製作不同的果乾，夏季時每天更得消化三、四千斤的芒果。繁複的加工手續需要大量人力，無形中也為玉井創造了許多就業機會，讓中年婦女、外配姐妹有一份離家不遠的工作。

賴永坤提到，拜臺灣芒果冰的推廣之賜，現今的芒果幾乎已無滯銷危機，但還是得靠著產銷管控、適當疏果、確實分級來確保農民收益。當年，賴永坤誤打誤撞地投入了果乾事業，二十多年後，他將大學畢業的兒子找回家，加入蜜旺果舖的果乾王國，讓蘊含「自然水果香氣」、「吃起來有幸福感」的果乾，一棒一棒的接續下去。

玉井蜜旺果盃芒果路跑

熱愛慢跑的賴永坤，大學時期曾加入校隊，是一名馬拉松好手，回鄉心情煩悶時，更時常透過跑步來抒發壓力。他也在慢跑當中，意外發現故鄉田野的迷人之處。

為了積極推廣自家品牌，賴永坤不時辦理芒果、芭樂採果體驗。從 2017 年起，每年六月芒果季開跑時，賴永坤都會與玉井老街商圈攜手合作舉辦「蜜旺果盃芒果路跑賽」，帶領跑者跑進鄉間小路，將玉井的好山好水及豐富的芒果生態介紹給國內外跑友。路跑賽沿途會經過望明綠色隧道、社區阿弟仔公園、芒子芒百年大埤，更有一眼望去綿延不絕的綠色果園山丘。期盼消費者在盛夏享受冰涼芒果好滋味前，感念農民的辛勞。

路跑分半馬組 21 公里、勇腳組十公里與健康組四公里。最大的特色是，跑者返程時需手持愛文芒果為信物，完賽後又可享用割稻飯與芒果冰，優勝獎品則是芒果禮盒與在地商圈的禮券。透過路跑帶動話題，也帶動玉井產業的復甦。蜜旺果舖／提供

教戰守則

◆ 在純天然的堅持下，也不忘記追求食品風味的獨特。

◆ 重視生產源頭的果園土地管理，掌控加工原料品質。

◆ 在產地設置加工廠，保鮮、省成本，創造就業機會。

002 | **與農友在地釀酒的百種姿態 —— 中福酒廠**

李建緯

走入位於宜蘭三星的中福酒廠，目光一定會被泡著不同作物的玻璃器皿吸引。逐漸接近生產作業區時，陣陣的發酵酒香，從四面八方撲鼻而來。接待展示區旁堆疊著小農進廠要釀造的米與原料，還有一臺從舊碾米廠拆下的木造碾米機，與農共生的意象處處可見。

偌大的廠區，常常遇不到半個人，有時則會碰到馬家二哥馬何增忙進忙出處理出貨。穿過清洗區後，再往下走會進到發酵區域，負責製程的三哥馬定璋不是正在細心檢視每個桶槽的發酵狀態，就是在準備發酵的各項材料。臺灣的酒類釀造，在 2002 年是關鍵的轉折。早期酒類屬於公賣局專賣，在臺灣加入 WTO 06 後，因應國際化與自由化，於該年一月一日起實施「菸酒管理法」，廢止菸酒專賣制度。菸酒回歸稅制，開放民間設立酒廠，中福酒廠正是這波開放浪潮的先鋒。

堅持純米純天然製造的三人酒廠

中福酒廠成立於 2003 年，正式名稱為「怡志股份有限公司」。當時行政院農業委員會臺中農業改良場與「生合科技股份有限公司」共同產學合作計畫，開發釀造用優質菌種，交由「怡志股份有限公司」執行，以此為契機於宜蘭縣五結鄉中福路設廠研發與生產。

但由於臺灣不像日本專門釀製清酒的「酒米」，只能嘗試以「食用米」進行加工，起初主要進行清酒的釀造研發，只能使用臺中圓糯七十號為原料，

並以粒徑大 07 的吉野一號吟釀級清酒為目標。加上台灣製酒產業中斷多年，發酵品質仍不穩定，無法完全掌握製作的關鍵技術，產製面臨問題，於是重新思考發展主軸。

·

2003 年開始實施「菸酒稅法」，消費者預期米酒價格將因適用新稅率而大幅調漲，同時「假米酒事件」也推波助瀾，造成臺灣米酒一連串的漲價風波，2008 年一瓶甚至攀上 180 餘元。民間對於蒸餾米酒的需求大增，為了生存，酒廠的生產也轉向製作蒸餾米酒。總經理馬何增不諱言，那幾年是製作米酒的興盛期。隨著 2008 年「菸酒稅法」修正，米酒價格也逐漸回到一瓶二十至三十元的水平。因為投入生產多年，技術成熟，米酒一直都是酒廠的主力產品。也因為堅持純米製作，在地方都有一定的口碑與消費者支持。

·

不過米酒畢竟單價不高，市場販售主流仍是臺灣菸酒公司，酒廠陸續接下各式酒類研發與代工，如：藥酒、水果酒與再製酒等。後因現地廠區空間過小等因素，於 2010 年搬遷至三星鄉大隱八路現址，並改名為「中福酒廠股份有限公司」經營至今。在這將近十六年的時間，中福酒廠的總經理馬何增說：「中福酒廠這樣經營還沒倒，他都覺得很奇怪。」因為整個中福酒廠只靠三個人力去經營運作，除了米酒以外，沒有其他自有商品流通，主要靠著各式代工製作賺取營運費用，也道盡在地小酒廠所面臨的現實問題。

宜蘭有中福酒廠，真好！

2011 年左右，宜蘭小農于立本與李旭登以自種的臺中秈十號請中福酒廠製作蒸餾米酒。這次的產品沒有在市面上販售，而是由小農取回自用，但這是中福酒廠幫小農製作米酒的開端。接下來員山的林憲忠也來請託，「本丸燒酎」成為第一隻小農商品化的米酒。

·

有別於一般酒廠，中福酒廠不用一次生產幾千公升，反而可以接受小批量幾百公升的生產，在小農口耳相傳介紹下，曾繁宜、謝佳玲、林俊名、宋

松齡、高天興、游勝淵等人的「友穀友酒」米酒、吳佳玲的「有田有米料理米酒」、吳紹文的「土拉客料理米酒」、楊文全的「川流不息」米酒、賴青松的「青松料理米酒」……等，都是中福酒廠協助小農合法生產的蒸餾米酒。宜蘭小農米酒遍地開花，短期之間鋒頭強健，儼然成為一股新勢力。

·

與「穀東俱樂部」的賴青松及「友穀友酒」的宋松齡談起中福酒廠，賴青松說：「宜蘭有中福酒廠，對小農（來說），真好！」在早期，若是當期收成的稻米沒賣完，就只能冰進冷藏庫或低價賣出。有了中福酒廠就可以把庫存沒賣完的米製成米酒，這樣就多了一項產品可以販售。另外，米酒更能存放，不像米有保鮮期的壓力，容易產生耗損，是另一種庫存調節。但宋松齡也談到，越來越多小農做米酒，米酒也越來越不好賣了，雖然可以進行庫存調節，製作成米酒畢竟還是得面對市場。

從水果重返稻米的加工利用

除了在地的小農米酒，中福酒廠也進行各項代工與水果酒的釀造，2016 年與「食禾」的合作就是最好的例子。食禾原本是去日本學習清酒釀造，回來臺灣卻苦無設備。知道中福酒廠對清酒也有興趣後，從日本學習的技術開始合作研發，以釀造臺灣本地的清酒為目標。在試作近十批，發現品質仍與日本有段差距，加上先天環境溫度與設備缺乏的問題，一直無法量產投入市場，目前還在努力當中。

·

合作研發清酒期間，因為食禾想解決種植水果農友「格外品」，也就是某些水果外觀難被市場接受的問題，配合酒廠原有釀造技術，開始一連串水果發酵酒的製作。從大禹嶺的蘋果、廬山地區的紅肉李與水蜜桃，到新竹尖石的奇異果，中福與食禾不想做出市場常見的甜滋滋的水果酒，目標是製作保留原始水果香氣與風味的純發酵酒。從前段醃漬開始就盡量減少糖份，到後段也不去調整迎合大眾市場的風味，如此才能讓消費者品嚐到水果的原味，而且容易搭配餐食，定位如同歐美紅白酒的佐餐品飲。

·

· 負責酒廠主要生產研發的馬定玏
仔細觀察米麴生長。李建緯／攝影

· 燒酎發酵狀況。李建緯／攝影 ·

近期也融合日式燒酎製程，合作開發原料完全使用本地稻米所製作的純米燒酎 — 源燒酎，這是中福與食禾合作的初衷，回到稻米的加工利用。同時中福也自行開發類似於日本無酒精飲品的甘酒商品，適合一般大眾飲用。期待以稻米的多元加工利用，解決國產優質稻米的去化問題。

・

米酒、清酒與純米燒酎同樣都是以米為原料，但是作法與風味有相當程度的差異。米酒與純米燒酎則是以米發酵後，進行蒸餾後取得的酒類，蒸餾後酒質也相對穩定。而清酒是以米發酵後，用壓榨過濾處理的酒類。但清酒的釀造程序是其中最繁瑣的，包含培麴、壓榨、過濾與火入等程序，都會影響最後風味的呈現，而且因為無蒸餾與酒精度低，酒質容易在保存中變化，在臺灣在製作與保存都充滿挑戰，但增加臺灣米穀的多元加工，一直都是中福酒廠在努力的方向。

與農友建立不同於契作的夥伴關係

臺灣酒類市場仍以臺灣菸酒公司與進口為大宗，一般民間酒廠在缺乏資本的投資下，很難與大廠競爭。加上臺灣的菸酒法令過於嚴格，民眾對飲酒又有許多莫須有的負面觀感，導致一般小農很難投入釀造加工體系。馬何增說：「中福酒廠不僅僅是想做單純的酒廠，中福想建立一個平臺，跟大家一起合作共好。」目前中福酒廠協助農友把米做成米酒，這可能只是一個單純把作物製成產品的代工關係，但是酒廠設址於此，這個空間是否可以有更多可能？

・

如果可以成為一個加工與知識的平臺，讓周遭的農友產生合作，這樣就不僅僅是代工的合作。中福酒廠嘗試與深溝地區農友賴青松的「慢島生活」合作座談，邀請宜蘭縣財稅局菸酒管理專員，舉辦小農釀酒與行銷案例分享座談，讓地區小農更了解酒類加工與網路銷售的細節。這就是一種釀造知識的分享，可以減少小農踏入酒類領域的摸索時間。中福酒廠也規劃提供合法加工場域，讓小農可以自主研發釀造，或是學習相關技術，這都是中福酒廠未來想與小農一起做的事。

・

我們看到了宜蘭小農與中福酒廠的合作夥伴關係，這與一般加工廠跟農友契作關係不同，不是生產與加工一分為二的狀態。馬定璋說：「農友每次都會拿不同的作物來。因為農友拿來，我們就來嘗試看看。」很多時候雖然已經投入研發成本，中福酒廠卻沒有跟農友收過費用，農友也常常無償提供原料給中福。正因為如此，中福與宜蘭小農建立一種獨有的合作模式，一起共同為做出在地的釀造風味而努力。

· 食禾與中福酒廠合作，嘗試用臺灣本土蜜蘋果釀酒。李建緯攝影 ·

燒酒雞食譜

稻米是臺灣農村的根基，宜蘭米農近年與中福酒廠合作製作純米米酒，在台灣獨樹一格，自成宜蘭米酒幫。靠近閱讀每一支米酒的酒標，上面清楚載明稻米生產者與米種編號等資訊，如同有機食品的產銷履歷標示一般。細細品酌，能感受到每支米酒不論是蒸餾或釀造的不同韻味。

而中福酒廠自有品牌「蘭陽料理米酒」，適合製作臺灣人熱愛的補冬料理「燒酒雞」，也能讓米酒的香氣充分得到展現。傳統農家只加米酒不加水的燒酒雞，更是成年人限定的暖心版本。以下是小家庭最適合的電鍋食譜：

1. 用米酒將市售的藥材包浸泡一夜，讓藥燉溫潤的甘香釋放出來。
2. 將已經燙淨，無腥臊味的雞肉，用薑片與麻油拌炒至表面變色。
3. 把所有拌炒材料，加上米酒、藥材包、冰糖與鹽，全部倒進電鍋後，外鍋加入二杯水，一鍵按下，就完成了。

教戰守則

◆ 掌握核心技術與多元經營，成為支持在地需求的平臺。

◆ 支持農友需求，從實作發展多元加工產品的可能性。

◆ 知識與專業共享，向大眾推廣，營造在地共好社群。

003 | 一株茶樹種回一個山頭—慈心有機農業發展基金會

曾怡陵

位於坪林海拔約兩百公尺的淨源茶場，泡茶桌隔了一面落地窗與層層山巒相鄰。顧問陳善嘉擺了茶席，將包種茶注入茶海。思緒搭著茶湯散發的幽蘭馨香，他的記憶回到十一年前，緩緩說起「淨源計畫」的源頭。

·

坪林與雙溪、石碇、新店是大臺北地區的水源地，供應六百萬人生活用水。試想，若是位於坪林的茶園，整年施用除草劑、化學肥料和化學合成農藥，不僅污染水源，也為生態埋下隱憂。

生養萬物的大地母親

慈心有機農業發展基金會（以下簡稱慈心）會推廣有機，源自日常老和尚的慈悲心與他對土地的關愛。日常老和尚認為，若不愛護臺灣這片土地，後代子孫將無宜居空間；推廣友善、有機的耕作方式，是慈心的目標及使命。

·

土壤可以生養萬物，透過有機耕作的方式讓大地回復生機，是培養沃土的途徑。陳善嘉說：「土壤的微生物可以鬆軟土壤，微生物分解出來的養分也有益植物生長。」對照施用過量的化學肥料或是農藥的土壤，經雨水流入水庫，會造成水源優養化的情形，對水庫壽命、生態環境和飲用水安全影響甚鉅。

·

2009 年初，慈心開始舉辦「坪林地區有機茶輔導生產計畫」說明會，有意

· 坪林多為手工採茶，須仰賴
批有經驗的採茶工幫忙。慈心
助招集採茶工，因此合作農⋯
用煩惱缺工的問題。但因應農⋯
老化，也將漸漸改採機械採⋯
心有機農業發展基金會／提供

願轉作的農民極為少數。陳善嘉說:「因為他們擔心:『用藥都做不好了,怎麼可能不用藥會做得好?』」

迎光溯源前行

慈心的夥伴沒有因此灰心。他們心裡明白,轉作有機耕作的頭幾年必定辛苦。採慣行農法栽培的土壤已習慣化肥和農藥,轉為有機的耕作方式是很大的挑戰。因此,他們謹慎篩選茶園,以獨立田區作為優先考量。陳善嘉說:「獨立田區被鄰田汙染的機率比較低,茶農已經這麼用心投入,再遭到污染的話,對他來講是一種傷害。」

．

當時他們逐戶拜訪茶農,在互動過程中,拿出合作的利多鼓勵茶農加入有機的行列。「其實農民最擔心的就是賣茶。」陳善嘉說,慈心鼓勵茶農,只須將茶園管理好,後端的製茶、銷售都由慈心負責。

．

不過,多數茶農仍持觀望態度。「有一個農友我們等了他十年,第一次找他的時候,他說等他兒子長大,再去就說等兒子退伍。去年他兒子終於加入了。」最後,他們找到了王緒潭、陳陸合、余三和等十位農友,提供少則一、兩分地,多則八分地轉做有機。一行人手把手,在曲折幽暗的隧道裡,循著遠方的微光慢慢前行。

茶角盲椿象都比我早出門

王緒潭剛轉有機時,茶樹年齡僅四年,加上遵照慈心的引導照顧茶園,收益最好。其餘茶農的樹齡多為十幾、二十幾年,長年施用農藥和化肥,驟然改用有機方式耕作,更添照顧上的難度。王緒潭開玩笑說,他當初是「目睭愛睏愛睏 08」,才會被慈心「騙了」。頭兩、三年因為茶角盲椿象肆虐,完全沒有收入。他本來已經下決心要放棄,不過台刈 09 之後的茶樹又冒出新芽,才決定繼續苦撐。十一年過去了,目前最讓他以及其他茶農頭疼的,依然是茶角盲椿象:「這對慣行茶園來說也具相當挑戰性,到目前為止都還沒有提出解決之道。」

陳善嘉更進一步說明：茶角盲椿象「比你還早出門，吃一吃就回去睡覺。」被吸食的茶葉會出現黑褐色斑點，影響製茶風味。另外，雜草瘋長，也讓王緒潭非常頭疼，想到除不完的草就不禁搖頭嘆氣：「但沒除草就看不到茶葉呀！」

即使困難重重，有了慈心的陪伴，茶農們不僅持續以有機方式耕作，在思想和行為上也出現了一些變化。

不能讓茶農失去信心

我們來到王緒潭位於海拔五百公尺的有機茶區。茶園面對雪山山脈，周遭無鄰田，遺世而獨立。順著陡斜的小徑往下走，行進時感受腳下鬆軟具彈性的草地，茶樹間不時躍出各種昆蟲，生機旺盛。陳善嘉翻開茶叢，撥開一片捲曲的葉子，一條嫩青色的細小幼蟲抖著身子往外跳。我們可以從葉子不同的捲法、葉面被咬食的狀態去辨認昆蟲的種類。

慈心在蟲害防治上主張不用外力介入，而是用食物鏈達到生態平衡：「我們是盡量不用外力，但有時也要顧慮農民的收益，會用天敵、蘇力菌來防治，不能讓農民沒信心。」陳善嘉隨手俐落地拔除雜草，說有時採茶會遇到蜂窩、被蜜蜂叮，他們會選擇避開，不去傷害牠們。凡此種種，茶農朋友都看在眼裡。

「淨源茶」是以環境保護的角度出發而發展出來的品牌。為了淨化水源，從坪林當地物產「茶」著手，將慣行茶園轉為有機耕作的方式，淨化水源區。

茶農或因親身感受到化學藥劑危害自身健康，或認同慈心的理念，而轉作有機。採收的茶菁由淨源茶場以合理的價格收購，製成茶葉並販售，解決茶農不擅銷售的問題。

從心開始改變

二代茶農鄭信忠曾擔任廚師，過去在山上是看到什麼就吃什麼。但隨著與
慈心相處的時間越來越長，某一天他和朋友發現一隻受傷的鹿，朋友想拿
來做料理，卻被他擋下。陳善嘉說：「以前對他來講是很好的野味，一定
會覺得賺到了。」鄭信忠卻將牠帶回家照顧，再送回動物園。

· 在坪林，金萱和青心烏龍為
樹品種的大宗，其中青心烏龍
為嬌貴，又使得有機轉型益發
難。林寬宏／攝影 ·

· 茶菁採摘後，製作過程中攪
拌的力道、溫濕度與時間，將決
定茶的發酵程度。慈心有機農業
發展基金會／提供 ·

．

原本打算跟太太享受悠閒退休生活的陳陸合，因為意識到守護水源的重要
性，除了自家茶園，還租了很多慣行茶園來做有機，盡力維持土地的純淨。

．

茶農如此，來茶園幫忙除草、採茶的阿嬤們也有了轉變。陳善嘉說：「慣
行茶園不會像有機茶園有毛毛蟲、蜜蜂等。剛開始來的時候，她們也會排
斥。常常有阿嬤被叮，她們現在已經免疫了，擦完藥還是繼續採。」

．

在慈心工作人員和茶農的共同努力下，合作茶園免除了化肥及農藥的危害，
收成的茶葉則運往慈心淨源茶場。

門外漢製茶已成氣候

有機茶葉若與慣行茶葉使用同一套設備製造，會有很高的交叉汙染風險；
若要請茶農在家中另建置一套製茶設備，會增加茶農負擔。因此慈心在
2009 年向行政院農業委員會農糧署申請「有機茶輔導生產與有機農業推廣
及技術交流計畫」，著手設立淨源茶場。

．

陳善嘉提起這段往事：「2009 年四月份要採茶，茶場直到採茶前一天才把
整個機器的安裝、電的配置弄好。我弄到早上三點才下山去。」旁人都說
他的投入，完全不會讓人覺得他是義工。

．

茶場設立第一年，員工都沒有製茶經驗，余三和便協助製茶。隨著茶菁數
量越來越多，第二年已經忙不過來，於是邀請其他的專業製茶師到場技術
指導。在專業的教導和學習中，他們找到適合有機茶的製作方法。陳善嘉
說明，有機茶因為沒有使用化學農藥，葉片因蟲咬而有所損傷，製茶時的

· 製茶師與我們分享茶葉風味
語彙，茶香有花香、果香等，
香可細分為：含苞待放、盛開
花 ....，果香又分為青果、熟
等。林寬宏／攝影 ·

走水就會比較不順，影響香氣，他們的應對方法是加重發酵，做出有機茶的特色，也得到很多消費者的認同。

．

這批當初大家口中的「門外漢」，如今已成氣候，在近兩年的「有機包種茶分級評選會」中得到優異成績。2019 年五月三十日新北市政府和臺北市瑠公農田水利會主辦的「2019 有機包種茶分級評選會」中，淨源茶從 35 個參賽點數、十八位參賽者中脫穎而出，奪得六銀十銅。

．

在茶場中，我們還驚訝地發現兩位年約三十歲的年輕製茶師。

與所有居民共同守護土地的純淨

一位是對有機茶有興趣，因朋友介紹而投身製茶工作，有半年資歷。另一位負責製茶，也是茶場中唯一的焙茶師，製茶資歷六年；他說製茶要順著茶顯現的特質，再去除雜味等缺點。還與我們分享製茶過程的心情就像「母親在照顧嬰兒一樣。……雖然有時候眼睛沒有一直看著小孩，但心還是掛念著。」談吐中透露那個年紀少有的成熟穩重。除了年輕製茶師的加入，也已經有六位有機茶農的第二代投入坪林茶產業。陳善嘉欣慰地說：「感覺越來越有希望了！」

．

淨源茶場為了開拓多元通路，除了坪林的包種茶之外，也製作球型烏龍茶，於里仁通路和各地茶坊販售。擁有歐盟有機驗證資格的慈心，也曾收到來自法國的訂單，讓他們思考拓展海外市場的可能性。除此之外，希望未來能擬定多元的推廣管道，逐步達成「淨源計畫」的願景。陳善嘉說：「慈心來這邊，是希望有一天，茶農從種植到銷售都能夠獨立作業，因為我們不可能永遠在這裡，還有很多事情要推展。」

．

2007 年底，慈心進駐坪林推廣有機茶時，有機茶園面積僅四公頃，有機茶農只有一位。經過了十一年的耕耘，如今坪林地區已成立兩個有機茶產銷班（共三十三位茶農，與慈心契作十三位），有機茶園面積已成長到六十公頃。慈心從人力、通路等面向，築出一條可持續發展的路，期盼能長遠

守護水源地的純淨，也為棲居其上的人類和生物打造永續生存的住所。

淨源茶場產地行旅

茶場週末會舉辦知性之旅，透過實地走訪，讓民眾認識有機和慣行農法的差異，感受有機茶園盎然生態的得來不易，會更加珍視土地的恩惠，也體認到茶園環境對水資源的影響。

在茶園裡，大家頭戴花布和斗笠，穿上袖套，親手採茶或除草，感受務農的辛勞。此外也參觀製茶流程、泡茶、品茗，並透過解說員的分享，瞭解「淨源茶」成立的理念，以及完全沒有經驗的一群人一路走來的心路歷程。完整的體驗過程，使大家體會一杯有機茶需要許多人的共同努力，以及彼此互助合作的可貴。

慈心不僅為合作茶農提供技術輔導，安排採茶工等協助，對於其他在地友善土地的個人或組織，如：臺灣大學建築與城鄉研究所發展的品牌「山不枯」，亦維持不藏私的友好互動關係。未來需要從更多元化的管道推廣，讓更多人認識淨源茶。

教戰守則

◆ 堅持核心理念，招募志同道合夥伴，善用組織的資源及特長，長期提供合作農友穩定的支持系統。

◆ 長期穩定的支持系統，包含：協助農民改善田間管理方式、發展對應的焙茶加工製程及設備，同時建立穩固的社群支持網絡與銷售推廣系統。

004 | 做八卦山的靠山 —— 南投市鳳梨生產合作社

林寬宏

下著梅雨的五月天，霧氣氤氳，車子由南投市區緩緩駛向八卦山。沿著小徑一路上行，周遭樓房越來越少，我們正慢慢接近鳳梨中部產區大本營。位於八卦山脈中段的南投市鳳梨生產合作社，在這波土鳳梨正名浪潮中異軍突起，所生產的土鳳梨內餡也成為國內外糕餅業者的首選。

·

合作社的負責人林稷治，戴著眼鏡，一派斯文，談起農業生態卻是胸有成竹。原來他大學、研究所，就是主修農業推廣，畢業後更曾在農會體系打滾過好長一段時間，業務範圍偏向農業政策研究與農民輔導工作。他笑著強調自己真的沒想到，有朝一日會當老闆，投入農產加工的第一線工作。

土鳳梨熱潮襲捲全台

林稷治娓娓道來，當年還在農會系統服務時，看著芒果、柳丁、香蕉、鳳梨分明盛產，農民朋友卻年年上演血本無歸的荒謬劇碼，當時他就認為單靠生鮮市場銷售，容易供過於求，當務之急是找回臺灣人遺忘許久的農產加工技術。好友閒聊中相互推坑「成立農產加工廠以去化過剩蔬果」，成為林稷治投入加工輔導的契機。

·

2009 年，林稷治回到故鄉南投，著手組織生產合作社，並在南崗工業區租下廠房，成立食品加工廠，捲起袖子面對農產過剩的問題。原先想優先處理的柳丁，已在政府的政策輔導下耕除轉作，已無生產過剩的疑慮，轉而關注鄰近八卦山上普遍種植的土鳳梨，酸味多、甜味少，纖維密實，是非

常適合加工使用的農作物。

當時毫無農產加工經驗的林稷治，開始四處向農友等專業人員請益，秉持不添加化學原料的原則，研究半年，反覆試驗，保留濃郁鳳梨果香的沖泡果醬與土鳳梨內餡，終於問世。

如此優秀的心血結晶，開始販售後也不免要面臨市場的檢驗。儘管帶有微酸香氣且層次分明的土鳳梨內餡，接連在台北、東京國際食品展屢獲好評，但十臺斤的鳳梨只能做出一臺斤的餡料，比起冬瓜餡高出五、六倍的售價，自然叫好不叫座。「很多人都笑說不可能有人會用這個東西」，林稷治無奈表示。

合作社成立的第一年，由於缺少伯樂賞識，持續虧損，瀕臨解散，在此危及存亡之際，沒想到 2010 年全臺突然興起土鳳梨熱潮！ 2011 年的塑化劑危機，民眾開始關注食安問題，未使用香精與色素的鳳梨餡，因此成為市場寵兒，系統商與糕餅業者紛紛回頭詢問。

回到產地的國際級加工廠

業績慢慢上了軌道後，原物料端需求大增，大量的生鮮鳳梨一批批湧進工業區。林稷治提到，鳳梨的果肉利用率約僅有 45%，處理後的大量廢棄果皮常吸引果蠅、蜜蜂前來，丟棄還得另外支付清運費。水果處理過程各階段散發的鮮香與腐臭交雜，經常受到鄰近廠商的檢舉以及環保局的稽查，加上在工業區進行加工的前期處理經費，這樣算下來，成本超支依然是很大的挑戰。

林稷治決定改變收果方式，委託農民自行去皮，再將果肉送至加工廠。這個做法卻衍生出新的風險，一來無法掌握農民的前處理環境，二來削好的鳳梨果肉如果沒有即時降溫處理，容易發酵腐敗，更讓食品安全的控管出現巨大漏洞。幾番考量下，他想到將加工廠拉回產地，一來減少農民運送路途的成本支出與可能出現的食安問題，二來也降低處理加工廢棄物的困

難度。

·

林穡治同時研讀農地法條、食品加工場域規劃、HACCP [10]、ISO 22000 [11] 等相關條文，從買地、變更地目到設計廠房，完全不假手他人。經過一連串的不懈努力，佔地三分地的合法食品工廠，於 2015 年正式成立。

·

加工廠外觀乍看之下雖然毫不起眼，林穡治自信地強調，內部產線的配置卻是處處有巧思，連日本客戶在參觀完廠房後，都大讚加工廠作業具有國際水準。我們跟著林穡治的腳步，戴上防塵頭套、鞋套，進入不對外公開的加工產線，一進門，迎面而來的就是陣陣鳳梨香氣。

·

林穡治毫不藏私地與我們分享加工產線的獨到之處。為了符合食品衛生的門檻，從原料進貨、貨物貯藏一直到後端加工處理，都需要嚴格的管控機制。他發現工廠的表單設計與生產流程已脫節，導致作業員得耗費更多時間才能完成這項很基礎卻很重要的工作，因此他簡化繁雜的紀錄表單，以方便工作人員方記錄原料批號，推動 ISO 認證中最困難的食品溯源。

合作社信守對農民的承諾

林穡治心裡很清楚「供貨、價格、品質」一直是食品加工的重要原則。要穩定鳳梨來源，合作社必須樹立一套新的產銷規則，與農民共同協作達成。

·

南投市鳳梨生產合作社既不與農友簽訂合作契約，也不隨市價起伏調整收購價，反而希望農民主動登記種植面積、預估產量與收成日期，讓合作社更能掌握加工排程。他展現誠意，再三保證：「登記的量，我一定會收，希望你們能記在心裡。」

·

隔年，農民抱著半信半疑的心態，依照要求將鳳梨按大小分級、裝籃，在指定時間送至合作社。合作社信守承諾，將一批批的鳳梨全收下來，以此奠定互信基礎。農民一傳十，十傳百，合作社口碑不脛而走，漸漸地，從彰化芬園到南投名間都可以看見合作農友的蹤跡，至今為止，合作農戶將

近四百戶。

四百戶鳳梨農的信心

林稷治補充，鳳梨是很特殊的作物，無法單從外表來判斷果實的好壞，過去也常聽到因為收果標準過嚴，導致契作廠商與農民鬧得不愉快的案例。合作社藉此重新檢視收果流程，農民將鳳梨交到合作社後，只要沒有明顯的腐壞跡象，基本上合作社都會收購，後續加工時如發現腐果，就將這情形記錄下來，另行告知農民。

．

也因為不與農民討價還價，不設最低交果數量標準，只要提前登記、排入製程，「即使只有一台摩托車的量都會收購」，這讓農民對合作社多了一份信賴感。「我們剛好在八卦山脈南北軸線的中心點，基本上這附近有種鳳梨的，都會來交給我們。」

．

林稷治一邊與我們介紹，一邊巡視農友交來的鳳梨，一旁是來自名間的陳毅夫婦正將鳳梨送進合作社倉儲區，夫妻二人合力將一籃一籃的土鳳梨搬下貨車，依序放上木棧板。簡單聊過，才知道他們夫婦種有機金鑽鳳梨已有十多年，但有機市場規模有限，為了分散風險，如今也嘗試開始種植少量二號鳳梨。

．

令人疑惑的是，將有機鳳梨投入加工不會虧本嗎？陳太太只是簡單回應：「還過得去啦，這裡很穩定啦，不會隨著市場滯銷產生大幅度的波動！」

「六月旺來」臺灣水果餡

合作社運作上了軌道後，朋友紛紛問道：為什麼不自己做鳳梨酥來賣？但林稷治認為食品加工產業應朝向專精化，產業鏈的各環節分工要細緻。南投市鳳梨生產合作社的定位就是原料供應商，不要貪心每個環節都自己來做，只有努力在專精領域做到最好，兼顧品質與產量，銷售量好，才能與更多農友合作。

．

·深諳農產加工體系的林稷治
入鳳梨加工也經過一番巧思，
民拍胸脯保證，只要前一年來
種植面積與預估產量，隔年保
部收購。林寬宏／攝影·

·自動化的產線規劃，既方便
作業，也符合食品安全的動線
控。林寬宏／攝影·

鳳梨味道清香，富含天然纖維，製作過程不需添加化學合成物，適合作為餡料基底與各種天然水果餡搭配，是製作果醬與果餡的上等素材。而土鳳梨餡本身，單獨呈現其風味，品嚐起來更是別具特色。以此為基礎，林稷治在合作社下成立「六月旺來」品牌，發展出以土鳳梨為基底的天然水果餡，滿足消費者喜歡多變口味的嚐鮮心理，他特別選用玉井愛文芒果、臺南東山的窯燒龍眼乾等特色食材，製成天然果餡與土鳳梨餡結合，突顯臺灣四季果物的好滋味。林稷治以綜合果汁為比喻，鳳梨既不搶味，又能襯托其他水果，創造出微妙的平衡風韻。現已推出的芒果鳳梨餡、桂圓鳳梨餡、鳳茶餡等等，均頗受消費者好評。

·

加工廠雖然規模並不大，但靠著優化產線與人力配置，每天平均約可進貨三十噸的鳳梨鮮果，並生產一·五噸的鳳梨餡，加上鳳梨餡的保存期限約僅六個月，也不至於在廠房囤積過量庫存。合作社因此保持著「最適生產，新鮮送達」的原則。

區域加工中心做農民的靠山

南投市鳳梨生產合作社一直以來，每年都消化八卦山鳳梨產區四千公噸的鳳梨。2018 年開始，受農糧署委託，當以鮮食市場為主的金鑽鳳梨產量太大時，合作社也會適時協助其他產區加工去化，身兼區域加工中心，平衡鮮果的市場流通數量以穩定價格。

·

每年六月開始，正式進入土鳳梨生產旺季，工廠的鳳梨產線每天滿檔生產。除了原先每週固定三天有十多位歐巴桑的削皮人力，從義大利進口的自動削皮機也投入戰場，這時便可看出當初費心規劃建置廠房動線的效益。鳳梨在數十位歐巴桑的手起刀落下，迅速褪去外皮，一片片鳳梨皮隨著輸送帶緩緩出廠，落入山坳的堆肥場，未來將成為自種鳳梨田的肥力來源，在節省廢棄物處理成本的同時，也回應了環境生態圈的訴求。

·

回顧十年的加工歷程，南投市鳳梨生產合作社開闢了一條特殊加工產業大道，不生產自有鳳梨酥品牌，而是專營原料供應市場。低調的林稷治淡淡

地回應:「我們雖然不是大公司,但就是專心把生產品質顧好,有需要的廠商就會來找我們,這樣一顆一顆的鳳梨都能賣出去,就能夠照顧到更多農民。」

　　·

也許正是這份專注的堅持,才能在競爭激烈的水果加工業中撐起一片天,成為八卦山脈鳳梨農戶的最大靠山,留住水果天然熟成的時刻,封存穿越至島嶼內四海外民眾們的餐桌上與茶席前,讓一口一口的臺灣酸甘甜,成為陪伴我們的幸福滋味。

·天然不過度加工的土鳳梨餡廣受市場好評。南投市鳳梨合作社/提供·

·因計畫生產得宜,廠房並無置大量的倉儲空間,生產後的料通常就直接配送給下游廠南投市鳳梨生產合作社/提·

古早味鳳梨酥 PK 土鳳梨酥

「鳳梨酥內沒有鳳梨!?」這對臺灣人來說也許早已不新鮮,但鳳梨酥做為臺灣知名的代表性糕點,相信許多國外旅客都不清楚,古早味鳳梨酥的主要原料,竟是常見的冬瓜、白蘿蔔。

早期臺灣糕餅業者為了節省成本,以冬瓜取代鳳梨內餡,卻也陰錯陽差成為許多臺灣人熟悉的家鄉味。隨著食安問題逐漸為國人重視,化繁為簡的飲食習慣,帶動土鳳梨酥的消費,也讓許多人開始重新關注「土鳳梨」的消費歷史。

然而,青菜蘿蔔各有所愛,有些民眾會認為古早味鳳梨酥才是記憶中的好滋味,注意天然健康的消費者可能特別偏好新一代的土鳳梨酥。本書於此特別介紹兩種鳳梨酥的特色,讓大家更清楚知道手上的這一小塊糕點的美味秘訣!

古早味鳳梨酥|外皮酥、內餡軟,製作上特別採用新鮮的鳳梨汁與冬瓜醬調製而成。特別的是,在製作過程中增加一道工序,冬瓜鳳梨餡料要先桿過,創造出綿密細緻的口感,搭配入口即化的香酥外皮,長久以來都是民眾記憶中的懷念滋味。

土鳳梨酥|用純鳳梨,或俗稱土鳳梨的臺農一、二、三號鳳梨,在製作過程中,南投市鳳梨生產合作社不會添加化學香精與色素,而是以純天然的臺灣水果製成果餡。品嚐土鳳梨酥時,內餡能吃到明顯的鳳梨纖維,自帶天然香氣,酸度較重,與古早味內餡的滋味真是大異其趣啊。

教戰守則

◆ 掌握主產品特性,發展所需的加工流程,了解因應規模的適用法規,有助打造流暢的生產動線,確保產品品質。

◆ 加工場鄰近產地,更加保鮮主原料、簡省運送成本、簡化後續廢棄物處理,也更能掌握產地狀況。

◆ 清楚自身在加工產業鏈的位置,專精發展定位,站穩腳跟。

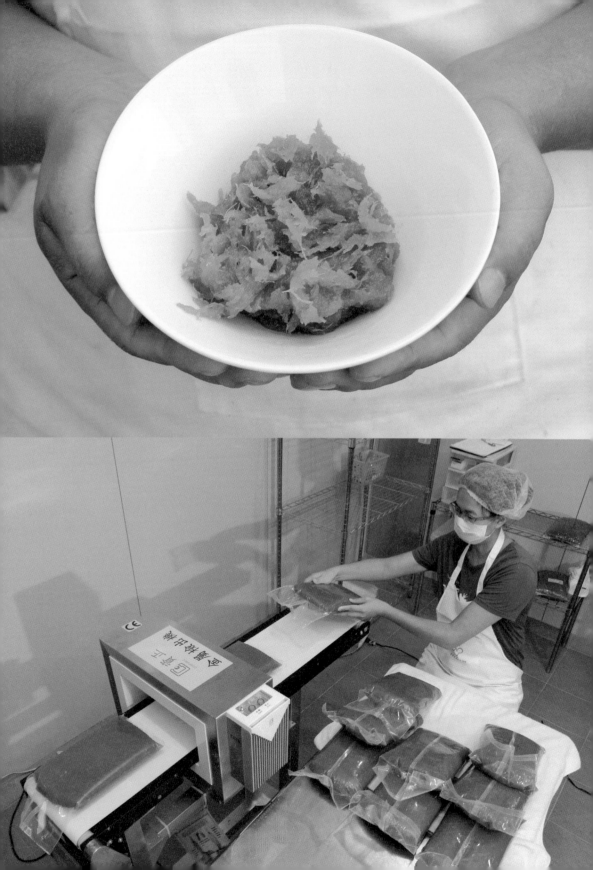

005 | 解鎖麥田圈的煉金術士 —— 禾餘麥酒

曾怡陵

和「禾餘麥酒」成員相約在位於臺北市太原路的辦公室，白牆和磨石子地包圍的空間，散發現代明亮混搭老派經典的氣息。共同創辦人陳相全和阿凱（陳昱廷）坐了下來，彷彿啤酒已過三巡的熱切，語調真誠之中，有著對農業的深度關懷和經營者的堅定意志。

‧

點開禾餘麥酒的臉書粉專，「關於」欄位的大標寫著：「地表唯一使用臺灣大麥的啤酒品牌」，文中特別標粗體的一段話是：「追尋百分百的在地風味，釀造從栽種開始」。臺灣大麥的栽種歷史已悄然中斷了三十年，為了釀出純正的在地啤酒，禾餘讓消失已久的金黃麥浪，再度出現在臺灣的土地上。

從二十克種子到五公頃大麥田

2014 年，陳相全從在臺灣大學農藝系考種館前種下二十克種子開始，與契作農友經過了五年的努力，已復耕五公頃的大麥田。不過，光有大麥還不夠，必須讓大麥發芽才能用於釀酒。若少了這一區塊，禾餘就無法完全完成百分之百本土穀物釀造啤酒的拼圖。

‧

三十多年前公賣局停止收購大麥後，「發芽」這個原料處理產業也隨之失落。為了補上這個環節，禾餘曾與種植芽菜的「綠藤生機」合作，「可是他們的發芽目的是收芽菜，越長越好，跟我們需要的類型不同。」阿凱補充說，發芽很耗人力，缺乏設備的規模製作下，一個禮拜只能處理二十公

臺灣大麥經過禾餘團隊的復耕行動，如今終於有穩定的產量。禾餘麥酒／提供。

斤的大麥，做一次啤酒所需要的麥芽量處理的時間就需要至少十個禮拜，也只好先暫停此計劃。「啤酒產業斷層很大，我們也是頭洗下去了才知道。」陳相全苦笑說：「我本來預期只要兩年，這個品牌就能到達穩定的目標，然後我就可以功成身退，然而並！沒！有！」

復育大麥十年計畫

在美國唸高中和大學的陳相全，曾在當地的啤酒廠工讀，回來就讀臺灣大學農藝所是因為想種蘋果。當時他認為蘋果酒在美國有很大的發展空間，興起在加州種蘋果的想法。母親友人於是建議他就讀臺大農藝所，意外為他打開創立禾餘麥酒的契機。

・

撰寫研究計畫時，教授說：「你不是會做啤酒嗎？那就做大麥吧！」陳相全說：「臺灣小麥有金酒（金門酒廠）持續地種植，我們則希望有另外一個具有在地代表性的產品可以依循此道，支持臺灣既有的品種大麥持續地種植下去。」

・

第一支產品問世時，大麥還在種。陳相全本來希望等臺灣在地原料整合好再推出啤酒。在時間壓力下，率先推出使用古早味臺南白玉米、臺中大雅的臺中選二號小麥等原料釀成的「白玉麥酒」。「現任生農學院院長的盧（虎生）老師那時候天天在課堂講：『你們班上那個做啤酒的，你有拿獎學金，不能拿錢不做事喔。』」每週固定被老師在課堂上嗆（督促）一次，覺得很有壓力，同時指導教授也全力支持陳相全製作出一支產品的目標。

・

「我老師跟我說復育大麥的計畫要做十年，那時候我沒那個感覺，覺得怎麼可能？」陳相全說，算一算接下來大麥發芽設備建置等計畫，差不多就是十年。此外，復耕計畫過程中發生的諸多問題，都是禾餘團隊想都沒想過的。

擴大栽培面積是唯一解方

陳相全一開始就將啤酒原料聚焦在水稻、雜糧等「農藝作物」，而非花果

陳相全在小麥進入磨粉前，檢查小麥是否混雜雜質。禾餘麥酒提供。

等「園藝作物」。「園藝絕對不是一個台灣現況可行的方向。」他說：「臺灣農業人口越來越少，園藝作物所需的勞力相對密集，也未必所有產物都適合加工。」所以將重點鎖定在農藝作物上。

・

「可是今年讓我們變傻眼的。」今年的暖冬造成大麥和小麥產量銳減，陳相全說：「這是臺灣加工業者面臨的問題。為什麼不想用臺灣原料？因為不穩定，像大麥一年一收，沒有就掰了。這個樣子的話，總不可能投三億蓋工廠，然後一年生產三天⋯⋯」。「氣候方面的影響其實蠻大的」，阿凱接著說：「以往大約每隔十年會碰到比較大的天災，如今氣候變遷，大概每三年就會遇到一次。」

・

然而傻眼的事不只這一樁。農友辛苦栽種的作物被鳥類收割、收穫的原料被誤認為別人的貨拉走⋯⋯。天災人禍連番上陣，讓他們曾經只能用剩下的原料苦撐。阿凱面露困窘說：「看情況實在不行，我們只好跟通路說：『不好意思！啤酒快沒了，先不要買這麼快。』」

・

「應該說，你沒有量的時候什麼狀況都會有。」陳相全接著說。他解釋，

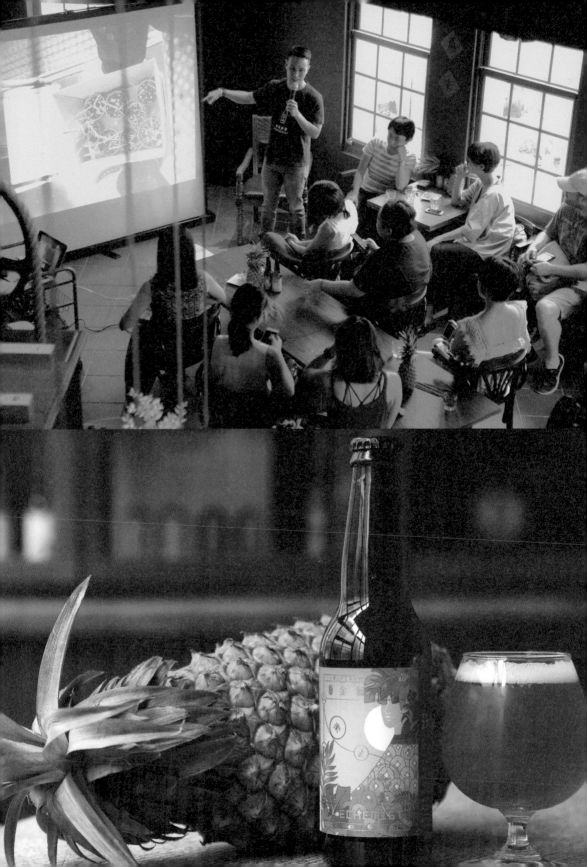

禾餘想打造一支完全使用臺灣雜糧的啤酒，背後的思考還是在於想擴大栽培面積：「沒有栽培面積的話，根本沒有辦法真正改變土地的使用狀況。」陳相全所說的土地利用狀況，是指農藥、除草劑的使用：「水旱田輪作有辦法用物理的方式取代農藥、除草劑的使用，減少雜草的生長。但如果沒有足夠的栽培面積，要做這種輪作的方式，會被限制住。」

打破價格崩盤的循環

關於擴大栽種面積的想法，阿凱從另外一個角度切入：「加工的時候，如果收成的原料不能達到你的標準，那做出來的產品也會不好。如果沒有足夠的契作面積去要求種植的品質，農民會覺得：『那我幹嘛要配合？』所以其實很需要夠大的面積，我們才能去影響作物的栽種方式跟產業。」

．

問及媒體報導常提到的禾餘創立初衷，包括提高雜糧作物收購價、用在地品種對抗極端氣候……等信念，陳相全笑了笑：「農藝所裡面每天不是都在講這些？其實是老生常談，這一直都是既有的鐵則。」

．

因此，當大部分的品牌從味道獨特性的角度來決定啤酒的開發方向，禾餘選擇站在作物產量的農業角度切入。例如「金鳳來」和「金梨旺」兩支啤酒的出現，就來自對水果價格崩盤的關懷。陳相全說：「在臺灣一直都有個作物崩盤的循環，2018 年初香蕉價格一崩盤，我就想到鳳梨大概就是下一個崩盤的作物了。」他選擇以市場最紅的類型及具有臺灣特色的鳳梨酥著手，分別開發出味道輕盈解膩的 Session IPA 12 及融合餅乾與鳳梨滋味的小麥啤酒，希望透過這樣的產品，傳達提早將預期崩盤作物作為加工原料的想法。

品牌在地的社會關懷

不同於多數的精釀啤酒品牌以精釀啤酒專賣店為主要通路，禾餘最初選擇進攻咖啡店和獨立書店。阿凱說：「專賣店裡有那麼多進口和臺灣的啤酒，消費者在架上是分不出來的。同樣使用臺灣原料，我們有契作但別人沒有，這些細節其實很難傳達給消費客群。」酒款開發軌跡裡的理念難以外顯，

得靠懂的人來陳述。因為認同理念而願意合作的獨立書店和咖啡店,雖然銷售量小,但關係維持得最久,也容易吸引到同溫層的客群。

·

近幾年隨著餐酒風潮,禾餘的啤酒也走入餐廳,目前已成為最主要的通路。2018 年開始嘗試拓展到中大型的連鎖書店、超市、量販店,但要在眾多啤酒品牌中嶄露頭角勢必得投入大量資源,對於目前員工僅五人的禾餘,現階段仍是心有餘而力不足。

·

活動方面,則以藝術、音樂和在地議題相關的活動較多,希望能跟目標客群有更多直接接觸的機會。阿凱半開玩笑說:「一方面可以拗藝術家幫我們做標籤,但後來發現大家同樣都是很窮的人。」他們也被攝影師好友潘怡帆,拗去頂樓攝影趴賣酒。

·

因為在關注移工議題的「燦爛時光東南亞主題書店」工作過,所以跟書店一起合辦移工主題紀錄片觀賞會兼青木瓜沙拉工作坊。說到此,陳相全幽幽地偷渡另一個議題:「像移工這件事情對我們來說也是很重要的,『你到底需不需要農業外勞?』」說到這裡,阿凱的情緒也開始沸騰:「大家現在討論移工會說,移工搶走了本地人的工作機會,但是這些工作又沒人要做。」陳相全最後只好搖搖頭說:「你看,是不是無限輪迴⋯⋯。所以我覺得這些都需要被看到,也需要被討論。」

用臺灣作物精釀世界獨到滋味

「德國人已經把啤酒玩得那麼清楚了。」陳相全思考:「德國在酵素學、熱力學等啤酒所涉獵的科學已經有很精準的研究,那臺灣做啤酒的優勢在哪裡?為什麼要跟著人家早走過的腳步,進口既有的原料,做人家已經做了四百年的事情?我覺得那樣顯得缺乏自信,也沒有原創性。」於是,臺灣古老品種:臺南白玉米、硬粒紅色春小麥、刺蔥等在地作物,都被禾餘釀成啤酒。

·

他們也思考,臺灣不適合大規模栽種啤酒花,那是否可以用別的東西來取

種植台南白玉米的原住民農友
桑 Faki 夫婦。禾餘麥酒／提供

禾餘不定期舉辦作物收成的小
行，邀請大家體驗作物的「從
地到餐桌」。林寬宏／攝影・

代，為飲品提供苦味，平衡穀物帶來的甜膩？ 2018 年，他們與臺大農場合作推出無酒精產品 —— 臺大農場麥汁，使用花蓮刺五加取代啤酒花，讓刺五加的人蔘味達成微妙的味覺平衡。「我們希望可以把臺灣的原料帶出去，讓世界知道臺灣原料、臺灣啤酒的味道，做出真正的差異。」要能做出味道的獨特性，才能增加臺灣穀物的利用，甚至與世界接軌。

一條創新可行的農業價值鏈

接下來的目標，是希望銷售能追得上年年倍增的產量，提升營業額後，再帶動栽種面積的增加。但目前的困境是，面對消費者時，品牌背後複雜的概念很難用三言兩語說完。阿凱說，如果要濃縮成五句話，聽起來就會跟別的品牌很像，「我可能要花三十句才可以講完。」陳相全笑著說，他們想要像某位政治人物那樣呼喊精簡用語後的口號，可是實在沒有辦法做到。除了行銷話術的優化，禾餘也希望請教農業經濟或經濟學的教授：隨著科技的進步，是否有可能降低農業的經濟規模？「現在的農機可以越來越小，並且用更便宜的方式去取得。這樣是不是可以讓農業生產規模減少？對代工廠來講，也可以重新細算什麼叫經濟規模生產？」陳相全認為這可能才是最重要的事。

對禾餘來說，釀酒不只是做好產品，然後貨通通出去都賣掉而已。禾餘希望從在地原料、契作耕作、到酒廠加工與後端行銷，整合出一條創新可行且運作順暢的農業價值鏈，示範商業模式的不同可能。

刺蔥白玉麥酒

2016 年，禾餘麥酒和阿美族歌手舒米恩發起的「阿米斯音樂節」，合作推出「刺蔥白玉」—— 以臺灣傳統烤玉米品種，臺南白玉米，釀造的麥酒為底，加入原住民的傳統食材，刺蔥種子，為融合奶油與玉米香氣的基底增添辛香的鮮明風味。啤酒整體平衡且具有鑑別度的表現，為他們獲得世界啤酒大賽（World Beer Awards, WBA）的賞識，得到草本香料啤酒的冠軍 [13]。

刺蔥生長於臺灣中低海拔的山區，是原住民料理常見的辛香料，可以去腥，常用於煮湯和泡酒。即使在部落裡用得尋常，在部落以外卻難以看到其蹤跡。禾餘希望透過啤酒，提升本土作物的能見度和經濟價值，展現出臺灣獨有的在地文化和風味特色。

教戰守則

◆ 以調節農作物產量的角度，開發本土作物釀造的特色口味。

◆ 在社會責任與商業生存間尋找平衡，與理念相符的不同產業協作推廣，同時參加國際比賽，提高品牌能見度。

◆ 從在地作物復育、與農友契作、研發加工所需環節與製作到跨平台整合行銷，整合出本土私有啤酒產業鏈發展的可能參照範式。

006 ┃ **串起花東縱谷散落的晶瑩珍珠 —— 東豐拾穗農場**

陳怡如

東豐拾穗農場座落於花蓮玉里的僻靜鄉野之間，腹地廣大，內設穀倉、有機肥料儲藏室、農產加工室。陰雨綿綿的上午，工作人員翻動肥料散熱，空氣中飄溢些微發酵的氣息，洋溢著與土地緊相連的親切氛圍。與穀倉相連的辦公室空間坪數不大，現場農友來訪熱絡，整個早上迴盪著電話聲響，此起彼落地忙碌著。

·

工作人員十人不到，有幾張三十歲上下的年輕面孔，都是玉里在地人。他們告訴我，每到農忙，他們也捲起褲管下田去，在這裡，無論是誰都會親身投入農場事務，話語中充滿了在地人的熱情與濃厚的人情味。

·

拾穗農場負責人曾國旗，28 歲從臺北建築業回到家鄉玉里接手家業。給人的感覺斯文有禮，在農場上當然也挽起袖子親力親為。從小就深深體會務農的辛勞，這本來是他最想逃離的地方，如今廿載已過，農場在他的手中，經營得有聲有色。

投入加工產業讓農民安心生產

早在 1996 年，父親曾文珍就成立了玉里鎮有機稻米產銷班第一班。1998 年因父親意外受傷，曾國旗決定回鄉，第一項事務就是接手蓋有機肥料的堆肥廠。當時政府推動鄉村廢棄物處理的政策，將農場產出的有機稻粗糠、米糠，與來自花蓮瑞穗牧場、臺東初鹿牧場的牛糞製作堆肥，成立了「花東有機肥生產合作社」。

·

· 大豆在春天時綠意盎然，雜

也茂盛，拾穗農場購入花蓮農

場所研發的除草配件，掛附在

秧機上，為大豆田除草。東豐

穗農場／提供 ·

礙於早年合作社法規限制，合作社的類型若是「生產」合作社，就不得自稱是「生產『加工』合作社」。後來法規開放，至 2018 年終於正式更名為「花東有機農產加工生產合作社」，明確地擴增「加工」這個定位。敏於觀察的曾國旗審慎地說：「從事農業要想增加經濟收益，加工是一個可行的方向」，他同時強調：「但是也別忘了，在增加收益的同時，也會增加成本。」

・

他舉當初自產自銷的經歷來說：「我們當年也是從小農起家，最早賣米是拿個真空袋子，裝袋後秤重，放進包裝茶葉用的真空機內包裝，再徒手把包裝拍打平整，最後附上一張產品說明的貼紙。現在入門的稻米小農也都是這樣做的。」言下之意，加工若只做到這個程度，成本花費可以相對低廉。曾國旗從小農自產自銷邁向經濟體，一步一步，有條不紊地往一個更大的藍圖前進。「在進入市場後，為了符合市場行銷的規格，我們開始委託代工真空包裝。等到農場愈加茁壯，更逐步投入相關加工設備並規格化。這是稻米的初級加工，也是拾穗農場最基礎根本的加工事務。」

・

目前位於拾穗農場內的農產加工室主力為雜糧初級加工，加工範疇除了稻米，尚有黑豆、黃豆、小麥、蕎麥等雜糧。會從單一水稻種植走向雜糧間作生產，始於 2011 年契作商與拾穗農場契作。過程中，契作商拒收的次級大豆，幾度讓曾國旗陷入思量：「契作商只收最好的品質，農民會問不要的怎麼辦？合作社的立場是希望農民只要安心做好生產管理就好，作物成熟之後的後端事務，全交給合作社處理。因為必須去面對次級品，促成我們開闢出大豆的加工路線。」

本土雜糧復興從顧好初級加工品質開始

「在這契作經驗中，我們意識到品質的重要。」曾國旗分析道：「追求品質，得同時從前面的生產端和後面的加工端兩邊來著手。在生產端，拾穗農場著重給予農民技術上的輔導，尤其在氣候條件惡劣時；而田間勞動經常發生的人力不足狀況，農場的工作人員也都必須予以援助。」他繼續補充：「在後端初級加工處理上，我們利用機器在第一階段去除石頭、枯枝……等雜

質，第二階段則是去除死豆、扁豆，第三階段按粒徑分級，第四階段去除
因水傷而出現紫斑病的豆子，第五階段磨光。在分級上，八釐米以上的一
級豆可直接出貨做鮮食，六釐米及其以下分二、三級。」在這過程後，真
正能作為一級品鮮食銷售的的僅佔百分之三十五至四十。會將標準訂定得
如此嚴苛，是來自拾穗農場、花蓮境內的豆漿廠商與實驗性的合作商家交
流之後的心得。

．

講究品質的豆漿商家，過去未曾接納國內大豆來製作產品其實不難理解。
曾國旗說：「如果我們以進口豆作為國內優選豆的標準，國內有機大豆的
品質倍受天氣條件影響。」這對好發颱風的花東地區來說，品質的門檻更
為苛刻。「豆莢從鮮嫩的綠色轉為成熟的褐色時，意味著蛋白質轉換成熟，
脂肪也充足。有機種植最怕採收前遇上下雨，下雨會讓整珠大豆上的各個
豆莢成熟度不一致，若等到全部成熟才採收，有些豆莢已經過熟了。還有，
下雨致使大豆表面沾黏葉片與泥土，又要多一道工費力去除。」

．

這個經驗讓曾國旗特別重視選豆。經由機器篩選出的一級品，再交由豆
漿廠商嘗試製作。但是開發打樣產品後，卻面臨更為嚴峻的考驗：「進口
有機大豆一公斤的進價是四十元，而我們的濕豆進價就已高達每公斤 65
元！」有機大豆種植成本相對較高，在後端加工品所佔成本比例也就高，
拾穗農場在兼顧品質的前提下，一併考量加工廠商或市場對價格的接受度，
被曾國旗視為生產面的大挑戰。

．

既然有機生產的門檻較嚴苛，為什麼不另闢有機產品高單價的路線呢？曾
國旗回應：我們必須回到「市場怎麼看待大豆的角色」，因為國內市場的
大豆需求量很高，它就只是一般的食物，特殊性不夠，也沒有明顯的市場
區隔，很難為它創造高價。「本土雜糧種植在臺灣消失二、三十年，生產
技術有了中斷，近年隨著雜糧復耕才慢慢恢復，因此生產成本仍然較高。
以 2017 年第二期來講，臺灣慣行種植的黃豆盛產，這表示臺灣生產大豆的
技術成熟，品種也到位，品質可以肯定。以國內大豆當季採收、食物里程
短的新鮮度來說，絕對比進口豆還要好。只是從價格來講，要降低生產成

本、提高產量，市場接受度才會比得過進口豆，本土雜糧復興也才能日益
擴大。」

委外加工合作開發創新產品

拾穗農場所推出的加工食品，目前皆是委外食品加工廠。曾國旗強調：「因
為做食品加工的挑戰更高！每個加工品項所需要的機器都不一樣，我們不
可能全部兼備。」現下做法就是媒合既有的資源，曾國旗有感而發：「農
場現在不具相關食品加工專業領域的人才，往往是辦公室年輕人來發想，
由他們尋求加工廠商，看廠商可以做出什麼產品，再帶回到農場內部討論
是否可行，考量有沒有市場通路，有機會發展就與廠商進一步洽談。」
拾穗農場辦公室內，小小的會客空間旁，立著一個陳列櫃，上面展示著農
場現有的加工產品。品項雖然不多，但個個包裝設計別緻，非常搶眼。在
食品加工開發過程中，曾國旗秉持著一個堅持，就是一定要推出特色夠鮮
明的產品。

．

「以稻米來說，市面已有米穀粉加工製品的趨勢，乖乖、米果最是常見，
再做就沒有新意。」若說新意，其中柚皮糖這項產品，其鮮黃亮麗的包裝

· 雜糧收割機在收割大豆時同時
脫殼，手持漏料遙控器以便控
傾倒的位置。東豐拾穗農場／
供 ·

· 每到秋天文旦結實累累。東
拾穗農場／提供 ·

格外吸睛，引人好奇。曾國旗將開發緣起娓娓道來，原來材料竟是來自農場內老欉文旦的颱風落果。起初是委託代工製作果醬，而後委請「宏捷食品有限公司」研發果皮的利用。「每個品項的研發都需經過漫長的時間試驗，在運用落果時，發現落果的成熟度不夠，果皮也不夠乾淨。當要追求加工食品的質地時，反而原物料的品質要挑選最好的，因此採用重量重的大型果來加工。」研發與製造出柚皮糖後，曾國旗委由兩位花蓮回鄉年輕人所創設之通路平台負責販售，樂於和返鄉青農合作的他表示，這也是一種與在地連結的方式。

‧

農場其他的雜糧品項，如種植面積二十公頃的苦蕎，在磨粉後委託宏捷公司製作蕎麥拉麵，小包裝份量，正適合供應火鍋商家。至於無法作為鮮食出貨的次級大豆，目前正委外製造醬油。種植十公頃的小麥田，收成磨製全麥粉後，除出貨給固定烘焙廠商外，其餘則結合農場的老欉文旦為原物料，委託代工釀製文旦啤酒，取名「旦是又何奈」，像是道出花蓮缺乏食品加工廠般的無奈。

‧

曾國旗感慨：「花蓮的最大宗農產就屬稻米，食品加工廠的發展相對就薄弱。」目前農場所委託代工的加工廠都位在西部，曾國旗盤點花蓮現有的小型加工單位之後指出：「花蓮有精釀啤酒廠，未來有望彼此合作；而在地的小型製麵廠，如果它們的產量規模得以被輔導提升，未來成為合作對象也是不無可能。」

百分之百花蓮在地生產與在地製造的加工藍圖

曾國旗對未來的加工事業懷有抱負，從不以現有的初級加工為最終目標。他說：「我們有原物料，如果能再增加裝瓶設備，未來發展酒和釀造都是可行的。至於酒牌的取得需要場域配合，一般農地不能生產酒，所以也要排除這個問題。」在曾國旗的腦海中，描摹著一張百分之百花蓮在地生產、在地製造的加工藍圖。

‧

這張藍圖並不會是天方夜譚。就曾國旗的觀察指出：「花蓮不缺發展加工

· 經過多年研發改良，柚皮糖不再以落果的果皮製成，而必須用飽滿且果皮完好的果實。東拾穗農場／提供 ·

的條件，人才、場域、資金、設備都像散落各處的機會，若能有更好的媒合機制，或是公部門專業輔導或資源挹注，相信花蓮在地生產、在地加工這條路得有機會成長更快。我想像公部門是統籌的角色，有技術人才，也有培育人才的資源，在農民起步的過程中，可以為農民研發、規劃、輔導至成型，散落的珍珠最後終將串成項鍊。」

·

在期望公部門予以關注投入之前，更有賴農民的自主動員。這兩年，花蓮境內的小農曾想跟當地政府陳情成立共同加工廠，曾國旗也受邀與小農交流對話，他反思：「一個加工廠怎麼可能滿足所有小農的需求呢？農作物不同，牽涉加工的品項不同，連帶所需的機器設備也不同。也要看小農的農作物產量，可以製作多少產量的加工品，若一年只做一百包，投入昂貴的設備就失去效益，因此彼此之間最需要的是合作。」

·

拾穗農場早已不是小農之姿，更具前輩的角色。曾國旗定位自身：「我們所做的事是把地方產業活動串連起來，變成地方經濟。從最早生產面只有一、二位農人，到產銷班，乃至後來的合作社。以合作社立場跟在地農民連結、協定生產合作契約，保障農民，而合作社擔負行政服務，後端加工、

銷售，提供就業機會，留住年輕人。」

．

拾穗農場從一級農產起家，穩紮穩打了 25 個年頭，三級的農場體驗也早已行之有年並持續耕耘。如今二級加工步上軌道，並串連在地加工資源，我們彷彿看見百分百花蓮生產與製造的加工藍圖，即將在眼前實現。

漫遊 193 縣道的風景

乘著山風穿行在 193 號縣道的林蔭下，一路上優美的山田風景，以及恬靜的氛圍，是前往花蓮縣玉里鎮拾穗農場的必經感受。

座落在此的拾穗農場休閒農業區，經常舉辦農事體驗與田間餐桌用餐，在山明水秀環境中吸收充沛芬多精，勞動舒展筋骨後，大啖農村媽媽的手路菜更快意。

休閒農場內得體驗精釀啤酒 DIY，暑氣全消！花蓮在地農業的富饒和風情，既感受得到，也品嚐得到。

教戰守則

◆ 配合政府政策，逐步擴大合作社的規模及可能性，其歷程可供農民合作組織發展過程之借鏡。

◆ 透過加工生產合作社的平台及設備，讓田間生產管理與加工得以專業分工及合作，擴大農業帶動地方經濟發展的規模及效益。

007 │ 打磨地方品牌照亮產地之光 —— 埼玉小麥 network

張雅雲

日本每年國產小麥約九十萬公噸，北海道的產量就佔一半以上。埼玉縣每年出產約二萬公噸的小麥，佔全國產量的百分之二。2017 年埼玉小麥產量為 24,900 噸，是全日本第七高 [14]。埼玉上里町農協 [15] 更有全日本第一座小麥種子倉，如此說來，埼玉也是日本小麥的重要產地之一。但是在日本，講到國產小麥，一般消費者腦海裡都沒有「埼玉小麥」的概念。

·

於是，在埼玉有一群人想打磨小麥之光，探索小麥一級生產、二級加工、三級服務流通的種種可能，企圖讓地方小麥產業重返金黃閃爍的榮景，讓農業可以是支撐地方產業的基礎，讓鄉村可以是人們想要歸去的目標，不僅可工作，也是可居、可學、可遊的選擇。

讓生產、加工與消費者看得到彼此的臉

如果可以為地方農業做一件事，你的選擇會是什麼？

·

「庄司店內用的都是埼玉縣內的小麥。全麥粉雖然讓麵條有些黑點點，但重視飲食健康的年輕消費者已經可以接受。」烏龍麵店老闆驕傲分享。

·

「製作甜點蛋糕，使用比較多的其實是奶油和鮮奶油，但我們已經用在地麵粉開發出一款埼玉羽生黃金麥菓子。」製菓老闆如是說。

·

細探一碗烏龍麵、一塊菓子的生產風景，每樣食物都承載著百工的心意，

埼玉原農場小麥田。張雅雲／
攝。

· 前田製粉社長入江三臣是埼玉小麥粉的重要推手。張雅雲／攝影 ·

它們背後都有說不完的故事。這不只是單一生產者的努力和堅持，而是一群人心力的交乘。埼玉前田食品社長入江三臣豪氣地說：「讓生產、加工、消費者看得到彼此的臉，這是埼玉小麥 Network 16 想做的事。」

「講到日本國產小麥，如果大家都使用北海道的小麥，不是有點無趣嘛！」入江三臣是想藉著眾人的力量努力持續培育埼玉小麥，也透過消費在地的小麥粉製品，振興埼玉生產的小麥，進而連結提昇糧食自給率。懷著這樣的想法，入江三臣組織埼玉小麥 Network，展開振興埼玉小麥的相關活動。

埼玉小麥 Network 希望可以從旁協助小麥生產農家、製粉企業、食品製造業、零售業者以及食用小麥粉商品的消費者和工商團體、政府自治體相互合作，群策群力，振興本地小麥產業。

終端消費需求啟動前端生產計畫

願景如此，但是要如何推進呢？

埼玉小麥 Network 不是從源頭端的栽種開始設想，而是從消費市場、加工

需求端出發，普遍了解加入埼玉小麥 Network 的食品加工業者，烘焙的、製粉的、做麵包的、做烏龍麵的，他們的加工需求是什麼？找出符合加工需求的小麥品種特性，進而請育種研究單位培育適合的品系，並遊說地方政府積極協力農業政策。研究單位培育出適合的品種，再交由地方農家大面積栽種。

・

日本烘焙店用國產麵粉做麵包，一般以北海道的小麥居多。入江社長與埼玉地方縣府研議多年之後，引入可做成高筋麵粉的品種—花滿天，希望豐富加工製品端的可能性，也提高農家收入[17]。其實當這些小麥還在田間的時候，已經可以知道會由誰加工販售，不僅農家可以安心栽種，業者和農政單位也會加強共推地方產業的使命感。

・

農產加工的關鍵挑戰之一是：「做好之後，要賣給誰？」埼玉小麥 Network 從終端消費需求來啟動前端生產計畫，自然而然串起每階段的生產環節，串起地方共好的循環。

每天不懈怠確保小麥品質是「原農場」的使命

「原農場」位於埼玉縣坂戶市，是埼玉小麥 Network 的會員。埼玉小麥 Network 辦理會員見學及農事學習時，經常到原農場觀摩。農場目前由父親原秀夫和兒子原伸一共同經營。原家有 4.5 公頃的農場，其中 1.5 公頃是種小麥，另外有九十公頃是代耕。代耕田之中，五十公頃種植小麥，三十公頃種植水稻，另外十公頃則是種植大麥。

・

自 2014 年起，埼玉縣小麥的主力品種由「農林 61 號」轉換為「里之空[18]」。因應製粉業者的需求，亦種植直鏈澱粉含量低之品種「彩光」。「花滿天」雖然適合製作麵包，但容易倒伏、感染赤黴病，農家栽種意願普遍不高。歷經七、八年的摸索，原秀夫和兒子原伸一終於比較能掌握花滿天的栽培管理。

・

現今，埼玉主要栽種的小麥品種有「花滿天」、「彩光」、「里之空」及

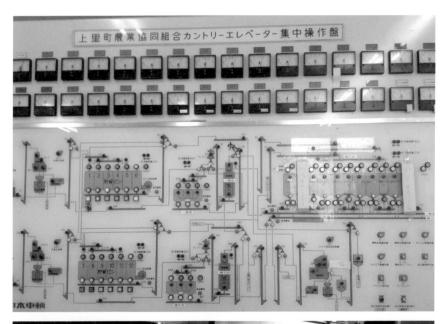

·上里町農協中控中心的作業
台灣農友極有興趣探知。張雅
／攝影·

·上里町農協 - 進倉過磅後暫
區的小麥。張雅雲／攝影·

「農林 61 號」四種，原農場栽種花滿天主要供給當地的前田製粉廠作高筋麵粉用。花滿天植株較矮小，反而不需太多肥料。不過雨水會影響根部吸收肥料，而導到蛋白質含量降低，因此施肥和田間排水格外重要。所以，原秀夫認為：「每天不懈怠確保花滿天的品質，正是農家的使命。」

·

原家有聯合收割機可用於小麥採收，而農場也有四台乾燥機，除了自家使用，也協助鄰近農家進行作物乾燥。有時小麥收割前遇到下雨，需要快快搶收處理，而農協只有白天收小麥，來不及送去農協的，原農場也會出面幫忙處理。不過原農場僅協助農民做乾燥，穀物清潔還是由農協負責。原秀夫強調，面對農村人口老化，以部分機械設施來協助農事有其必要。

·

對於年輕人愈來愈少留在農村，原農場所扮演的地區角色，原秀夫回應說，我們對新的小農沒有什麼特殊的作為，能做的就是幫新農烘乾作物。有趣的是原秀夫很自豪補了一句：「我給兒子很高的薪水喔！」

全日本第一座小麥種子倉在「埼玉上里町農協」

小麥是需要高度加工的作物。不同於大豆乾燥收成後即可裝袋販售，稻米也只須碾去外殼即可煮食，小麥在收成之後，乾燥、清潔、儲存的工序更是重要的一環，這些步驟全都攸關後續磨粉的品質。因此小麥育種、保種、採種、種子供應、栽培管理和技術支援等，日本各區農協扮演著不可或缺的角色。

·

埼玉上里町農協設有全日本第一座小麥種子倉，據此不難理解埼玉小麥在日本的重要性，也可以理解為何各方業者都願意自發串連，打響埼玉小麥的知名度，並推廣到全日本。

·

埼玉的小麥栽種期是從每年十一月開始到隔年六月收成，期間也會遇到播種時下雨，或是收穫時是梅雨季，所以田間排水、培育不易、植株倒伏等問題，或是設法培育較耐雨水的品種，農協也都逐漸發展出穩定對策 [19]，並透過各式管道佈達給農家。

農協每月固定出版農事指南，提供農家小麥栽種注意事項，甚至印成「麥
曆」，直接說明每階段的注意事項。

「前田製粉廠」調製細磨獲獎全穀粉

埼玉上里町農協乾燥清潔包裝好的小麥，下一站就是來到製粉廠。日本大
大小小的製粉廠大約有九十家，已有六十年歷史的前田製粉是屬規模較小
者。大型麵粉廠的小麥來源以美加進口為主，通常是大量碾製或好幾天磨
同一種小麥。前田製粉廠採小量生產，用不同地區的小麥調製出符合顧客
需求的麵粉。製粉廠的女廠長自豪說：「農友種出好麥子，研磨調製出好
麵粉就是我們的責任。」

．

大製粉廠採取的策略是大規模採購、大批磨粉、大批販售，不重視小麥的
產地和食品安全追溯。前田製粉因為可以充分掌握小麥來源，主張食品安
全和地產地銷，試圖走出一條小而美的路。廠房內有十種國產的日本小麥，
外國的小麥有四到五種。入江社長說：「因為來自當地，更能把關食品安全，
我們是用整顆麥子去測農藥殘留，其他地方是用磨好的粉。我們希望知道
是用了什麼藥。基本上，埼玉小麥很少用藥。因為安全，所以可以製作全
穀粉。外國有全穀粉，但日本沒有廠商做，所以前田也因開發出全穀粉而
得獎。」

「庄司手打烏龍麵」揉出在地小麥溫潤與人情

到底埼玉小麥的滋味是什麼？最能傳達的方式就是實際品嚐。2016 年五
月，臺灣喜願小麥農赴埼玉見學，行程安排在使用埼玉麵粉的店家用餐。
庄司手打烏龍麵店是埼玉小麥 Network 的會員之一，得知臺灣小麥農來訪，
老闆庄司晃二親自示範手打烏龍麵的製作流程，也和臺灣小麥農分享推廣
埼玉小麥的經驗。

．

因為懷念小時候奶奶手作烏龍麵的味道，喜歡烏龍麵的庄司晃二在三十歲
時辭去工作，專心往手打烏龍麵的職人邁進。庄司的手打烏龍麵不像一般
日本烏龍麵那麼白晰，反而是有點灰，麵條上還有小小的黑點。庄司晃二

說：「我們店裡使用的小麥全是來自埼玉，用全粒粉更能呈現在地小麥的完整風味。」散發真實小麥色澤的烏龍麵，搭配大量在地食材的蔬菜醬汁，呈現出簡單裡的豐足滋味。

．

支持埼玉小麥的庄司晃二也支持想創業的人，於是開辦創業研修課，只要有心想傳承手打烏龍麵的好滋味，庄司晃二都願意指導協助。這位個性的老闆，的確手打出屬於他風格的庄司烏龍麵。這不僅是庄司的烏龍麵，也是有濃濃埼玉地方感的烏龍麵。

「種子小麥」延續地方未來

埼玉上里町農協穀倉的頂層寫著「 JA 20 上里町種子小麥」。五月天，四週綿延的黃金麥田隨風搖曳。座落在埼玉縣內的製粉廠、加工業者、麵包店、烏龍麵店等，實踐著每天使用埼玉小麥做出好產品。這些據點和關係網絡慢慢撐起一張綿密的埼玉小麥網絡，構築共好共榮的地方願景。

．

農協、農民、加工業者和店家共同努力發揚埼玉小麥，那股深刻的使命感尤如埼玉上里町農協穀倉的頂層「種子小麥」幾個大字所揭示的，種子就是食物原料，保護及年年播下種子，正是延續著食農的未來，也正是地方的未來。

教戰守則

◆面對市場為數眾多以同種原料生產的加工食品，相關從業人員可從終端計畫消費需求來啟動前端計畫生產。

◆新品種導入推廣，需要研究育種單位做後盾、農政單位初期政策補助，以及加工業者跟農民建立契作協力。

◆產業鏈相關上下游業者各自建立專業品牌，再一起組成推廣聯盟，品牌價值互相加乘，強化地區產業在更大市場的銷售力。

註

◉ 01｜檨
福佬語的芒果之意，發音為「suāinn」。

◉ 02｜愛文芒果生產專區
參考資料：夏日最佳情人臺南玉井芒果
（https://reurl.cc/qDp9DD；瀏覽日期：2019.11.19）

◉ 03｜在欉紅
福佬語發音，指的是果實自然在枝頭上自然熟成。

◉ 04｜炭疽病
是一種真菌性的病害，主要侵害芒果嫩葉、花穗與幼果，初期產生紅色小斑點，逐漸擴大呈褐色病斑，而後迅速擴大且侵入果肉，造成果實腐敗，不耐儲藏，嚴重影響果實商品及經濟價值。參考資料：農情月刊 105 期
（https://reurl.cc/5g37Mn；瀏覽日期：2019.11.19）

◉ 05｜農地利用綜合規劃計畫
參考資料：農委會 84 年年報
（https://reurl.cc/yyO5QE；瀏覽日期：2019.11.19）

◉ 06｜WTO
WTO 為世界貿易組織（World Trade Organization）的英文縮寫。

◉ 07｜粒徑大
釀造清酒需要的是「澱粉」，但在米的外層部分有較多的蛋白質、脂肪與維生素，精米的目的就是去除外層的蛋白質和脂肪等，並留下中間的心白，粒徑大的米種，精米時比較不容易碎裂。國人熟知的「吟釀」需要磨去40% 的白米，「大吟釀」則要磨去 50% 的米粒。

◉ 08｜目睭愛眠愛眠
本指睡眼惺忪之意，引申為頭腦不清楚。

◉ 09｜台刈
茶樹整枝與修剪的一種手法，從離地五公分處將茶樹地上部樹冠全部截斷，徹底改造樹冠，使茶樹重新生長出新枝。參考資料：茶樹栽培管理（https://reurl.cc/5gQjxq；瀏覽日期：2019.12.18）

◉ 10｜HACCP
危害分析重要管制點（Hazard Analysis and Critical Control Points）最大的特色是先進行分析，找出可能產生危害的地方，並加以管控，預先防範食品安全危害的發生，保證加工系統流程的食品安全。

◉ 11｜ISO 22000
ISO（International Organization of standardization）是國際標準化組織的英文縮寫，主要在制訂世界通用的國際標準。ISO 22000 驗證涵蓋食品鏈中會影響到最終產品安全的所有過程，串連了完整食品安全管理系統的要求，同時納入優良生產規範 (GMP) 和危害分析關鍵控制點 (HACCP) 的要素。

◉ 12｜IPA
IPA 是 India Pale Ale 的縮寫，中文譯為「印度淡色艾爾啤酒」，強調啤酒花特殊風味。Session IPA 與傳統苦澀的 IPA 不同，因為酒精濃度多在 5% 以下，特別適合聚會飲用。參考資料：WHAT IS A SESSION IPA？（https://reurl.cc/72m8ml；瀏覽日期：2019.12.09）

◉ 13｜草本香料啤酒冠軍
參考資料：世界啤酒大賽（https://reurl.cc/W4begk；瀏覽日期：2019.11.19）

◉ 14｜埼玉縣小麥產量
資料來源：關於埼玉縣小麥（https://reurl.cc/D185ej；瀏覽日期：2019.12.01）

◉ 15｜農協
全稱為日本農業協同組合，是日本規模和影響最大、群眾基礎最廣泛的農村綜合性的社區合作組織。

◉ 16｜埼玉小麥 Network
埼玉產小麥 Network 官方網站（https://reurl.cc/RdQx7x；瀏覽日期：2019.12.01）

◉ 17｜農家收入的提高
日本農政單位對於栽種做麵包和拉麵的小麥品種，補助金額較高

◉ 18｜里之空
自 2014 年，埼玉縣小麥的主力品種由「農林 61 號」轉換成「里之空」。因應製粉業者的需求，亦種植直鏈澱粉含量低之品種「彩光」。資料來源：關於埼玉縣的小麥（https://reurl.cc/D185ej；瀏覽日期：2019.12.01）

◉ 19｜對策
埼玉縣小麥收割期間雖然與梅雨季有所重疊，然而日本的梅雨季不似臺灣連續數天皆是陰雨綿綿，中間總有放晴的時候。埼玉小麥農友會抓緊梅雨季中間隔放晴的日子進行採收。平時注意的田間排水等栽種管理，也讓雨後的土壤不致過於濕軟而不利聯合收割機的運作。

◉ 20｜JA
日本農業協同組合（Japan Agricultural Cooperatives）的英文縮寫。

03　雙手鍊成好之 WAY——自造篇

008 │ 不再只是想像中的大自然 ── Me 棗居自然農園

陳淑慧、林寬宏

從小到大，如果父母沒有鼓勵孩子進廚房，長大之後，我們很容易失去人類的手作本領，也拉遠了與大自然交心的距離。喜愛自然生態的陳淑慧，赴美求學時，特別喜愛去鄰近農場採買新鮮食材，並在餐桌上與同學們分享美味料理，那是一種將田園美景融入味蕾的享受，當時陳淑慧心想，「有一天，我一定要有個這樣的田園廚房。」

回到臺灣後，儘管投入農業一直是陳淑慧心中的夢想，卻始終沒有踏出下一步。2008 年，正值壯年的陳淑慧，本應全力衝刺事業階段，但為了讓幼年就一眼失明的愛犬 Mia 能在開闊的鄉間生活，動起了移居鄉野的念頭。在朋友的推薦下，陳淑慧來到以紅棗出名的苗栗公館石墻村，看著屹立百年穿龍圳仍然清澈見底的圳水，以及四季豐產的農作物，深深吸引著從小就嚮往與大自然為伍的陳淑慧，便毅然移居至苗栗縣公館鄉，還說服退休不久的爸媽舉家搬遷。

小加工事業從家裡的大廚房起步

初搬入已建造八年被六十多株茂盛的紅棗樹圍繞的農舍時，唯一斥資興建的就是十二坪大的廚房，打造可與家人共享手做料理的溫馨空間。爸爸在農舍後自闢菜園和養雞，紅棗園裡有野生的紅紫蘇。採收下來的紅棗、蘿蔔、蕗蕎、芭樂、紅肉李等當令食材，爸媽也拿出累積一輩子的私房技法，製成美味的漬物。依循四季節氣演替的食物森林儼然成為私房食材庫，陳淑慧心中桃花源般的美夢逐步成真。

淑慧特別打造烘曬紅棗專用
玻璃加工室,可避免傳統戶外
曬紅棗,容易遇到的受潮問
。Me棗居／提供。

然而，剛成為新手棗農的陳淑慧，面對七月盛產的紅棗，豐收後卻不知銷往何處？只好努力向親朋好友推銷，她笑說，那是這輩子第一次真正體會到農家的辛勞，也更理解不願浪費農作物的農友心情。看著賣不出的好果，以及被夏季風雨掃落的青果，想著如果能做成加工產品，可以延長保存也增加農家收入。

·

於是，陳淑慧央求曾經營餐飲小吃的姨丈協助，按照他指點的手法，完成了以新鮮紅棗製成的果醋。再和媽媽合作將外觀稍醜的紅棗乾加入桂圓，與爸爸手作的陳年梅汁一同燜煮，做成蜜餞上網販賣，果真吸引了一批客人購買。小加工事業從家裡的大廚房起步，奠定了 Me 棗居的小農加工創作之路。

在產地加工的理想製程

農家們幾乎都會動手做些加工品，既能延長農產品的保存與增添風味，也增加務農收入。但要把自家手工產品變成商品販售，其實要經過多次失敗與創新。而農家最易取得的包裝容器，不外乎塑膠和玻璃製品。如何找到合適的容器進行裝填、合適的儲存溫溼度，如何訂定恰好的賞味期限等，都是在失敗中逐步摸索出來的成果。

·

少量生產和季節限定，構成了小農加工食品的特性。但和食品加工大廠以自動機器化設備所製造的產量相比，真是小巫見大巫。規模不同，製程也簡化了，食品安全的風險卻沒有因此減少。實踐小農加工的利基在於：必須更懂得利用創意發揮農產品的特質，並在原料、製程、充填、保存、包裝上更加注意細節，而環保與衛生更是不能妥協的原則。

·

Me 棗居不輕易跨入食品工業量產模式的另一個重要原因，是希望維持農地的完整。陳淑慧認為，人在私有土地上的作為，可能會對公共環境帶來預期之外的衝擊。在農村生活多年下來，鄰近加工廠遮蔽周邊田野所需的陽光，工業製程中所產生的廢棄物也流入鄉野之中造成汙染。儘管小農的生存困境舉世皆然，但若沒有一併考量製程產品的廢棄物、廢水、耗能等問

題，貿然鼓勵小農在農地上進行大面積的加工作業，反而只是加速農地生產功能的崩解。

‧

小農加工事業發展雛型逐漸具備規模後，陳淑慧也說服弟弟投入，將製程中的蔬果殘渣轉為優質的堆肥材料，並將廢棄物進行有效回收處理，減少環境負擔，形成最佳的循環農業運作。

打造與環境共存的「邊境手作坊」

為了兼顧農田生產與衛生加工的堅持，陳淑慧在 2012 年決定拆除田園邊際的鐵皮屋，重建為專屬的加工室。

‧

首先是申請合法用地。陳淑慧仔細填寫的資料文件與詳細說明的規劃書被退回，因為建物內不允許有人員清潔用的洗手間，這是政府為了阻止建造農舍的防弊措施。在詢問縣政府人員之後才得知，複雜的申請流程必須委託建築師事務所代辦才行，如此也將導致建造費用大增。於是，陳淑慧決定縮小到最簡約的作業空間即可，再重新修圖送件，鄉公所也即刻派人來現場勘查，很快地在一週後就收到同意公文。

‧

她自己找工班，親自參與建造過程的每個細節。施工期間，師傅們不僅配合動工，也給予技術上的指導，務農路上，果然需要許多貴人相助。2012年底開工，一個月就完成了鋼架主結構。農曆年過後，內部裝修也陸續完成。2013 年，蟲鳴鳥叫的四月天，一家人選定吉日，焚香祭告地基主，正式啟用加工室。當天熬煮了第一鍋紅棗黑糖薑汁，香氣蔓延到戶外的紅棗園。

‧

這棟取名為「邊境手作坊」的鋼構加工屋，刻意建在農地臨路邊界，讓進出方便的同時不破壞農地的完整性。周邊種植茂密的紅棗樹及綠草圍籬，融入四季輪轉的自然地景之中。全採光的玻璃門窗，室內外一目了然，製作的人舉頭可見滿園的季節變化，外來訪客也能看到透明乾淨的製程。從建造開始至今，時常有人探詢這棟白淨小屋是否供餐或民宿？

· 自創小農加工基地的工班師
們。Me 棗居／提供 ·

· 小農加工需要重視作業人員
練及環境。Me 棗居／提供 ·

加工室後側原先的曬場，可以兼作食農體驗活動空間，提供校外教學、手做加工研習、小農參訪等利用，也建立了廚房般的小加工室作為小農事業的新樣貌。不過在舉辦活動時，會刻意排開加工製作，避免活動過程與生產加工產生交叉污染。戶外曬場主要是進行採收後的清洗作業或日曬乾燥，再送到加工室內完成加工、包裝及庫存。縱使空間再小，也要想辦法有效利用空間，才能減少不必要的搭蓋。

不斷自我精進的創業者之道

近年，因應許多小農有意發展加工事業，農民學院每年開辦的蔬果加工課程年年爆滿，也有許多農家前來 Me 棗居取經。然而，各縣市對於允許搭蓋加工設施的標準不一，陳淑慧強調，投入農產加工必須有加工原理、衛生管理、產銷追溯等基礎知識。若不了解微生物作用的基本原理、不熟悉加工的物理與化學特性，很難掌控食品安全。更重要的是，農產加工品量產前，必須先確認產品製程與加工規模，找到潛在訂單與建立銷售通路，再決定是否開始投資，或是否在農地上花大錢蓋加工設施。

．

雖然陳淑慧求學背景與第一份的微生物實驗室工作，為從事小農食品加工建立了一些基礎，但她並沒有以此自滿，年復一年在製作過程中參加課程進修與參觀專業展覽，確保持續精進學習新知，仍是非常重要的一環。陳淑慧還有食品科學專業的同窗好友當後盾，她最感謝在美國求學時相識的蔡志強與黃瑞君賢伉儷，他們夫妻倆在泰國白手起家，建立大型的醬料和飲品工廠。每年來臺旅遊時，也都會給予她如何利用最少的設備做到與食品加工廠相同品管要求等建議。

．

幾年下來，陳淑慧練成了深厚的加工內力，2015 年協助區內老農產銷過剩的桶柑，在農曆年前打造了「黃金百桶」果汁。夥伴三人在加工室日夜趕工，靠著媒體宣傳與團購促銷，銷售約五千瓶。然而靠著新聞議題順利銷售，並非長久之計，唯有建立常態的商品銷售體系，小農發展加工事業才能有利可圖。

挺過食安風暴沒有捷徑

食安事件頻傳，消費者更加重食品的安全性。好食機農食整合有限公司在 2016 年開辦了小型加工業者論壇，陳淑慧得以結識更多專業夥伴。知道越多反而越能感受無知的可怕，所以不論製程或新產品研發遇到問題，立刻求教專家，成為她的習慣。

·

Me 棗居也經歷過丙烯醯胺的致癌紛爭，2015 年，當時衛福部尚未建立安全攝取量標準，媒體自行抽驗市面產品並公布自行判斷含量過高的產品。Me 棗居栽作有機甘蔗製成的黑糖漿，也被視為是高丙烯醯胺含量的產品。當時，陳淑慧趕緊將產品中有使用大量黑糖原料的紅棗飲品送驗，幸好都是少量；而手工黑糖漿，也改善了熬煮製程可能產生的高溫風險。當問題發生時，最重要的是想辦法改善問題。因此，唯有增強自我的專業能力，了解食品法規，農民才不會被視為只是非專業且具高風險的食品加工業者。面對這些規範，小農也等同是食品加工業者，只有遵循法規，沒有例外。

·

挺過這次風波後，陳淑慧決定利用水保局補助計畫的經費，為其他也想從事小型加工的農友開辦一系列農產加工實務課程，內容包括加工原理、產品研發和風味品評。結果，課程不只人數大爆滿，隔年還陸續接獲訓練單位來電詢問，課程是否持續開辦。

回到土地找解答

面對農民投入加工的殷切需求，陳淑慧也開始擔憂，當上架的適法性解決了，農民就能賺到錢嗎？貿然興建加工空間及設備，會否只是生產更多存在效期限制的庫存？一旦面臨效期將至而必須急尋買家時，投入的成本又能否及時回收？

·

成為小農加工業者至今已滿七年，Me 棗居謹守小型生產的分際，以期在短時間出貨完畢的產量，批次規劃生產，讓商品在架上保持新鮮狀態。銷售策略則是連結可以少量進貨的通路，讓消費者買到最佳賞味期的食品。

·

Me 棗居協助公館在地老農，
過剩的桶柑打造成「黃金百
」果汁。Me 棗居／提供。

Me 棗居利用有機蔬果製作不
類型的加工產品，既能延長保
期限，也能增加農家收入。
e 棗居／提供。

對於準備投入加工產業的農家，陳淑慧的建議是，謹守農地的合理利用、養成專業的加工技能、建立自己的商品銷售模式，才能為永續農業經營找到最佳方式。

手創天然養生果汁

台灣水果風味色彩豐富，Me 棗居用四季特色果物製成的果汁，透過雙手及簡單的製程，以及有溫度的環保包裝設計，完整呈現天然美顏和保留新鮮水果的色香味。

然而，Me 棗居為了維護蟲媒生物的生長環境，盡可能在每項蔬果加入「蜜源養生作物」的元素，例如，將紫蘇加入洛神果汁、桂花黃梅果汁、草莓桑椹果汁等，增添風味，藉此傳遞友善環境農耕、蟲媒生物存亡議題等核心價值。

教戰守則

◆ 營運空間融合地景特質，謹守農地的合理運用。

◆ 了解所需流程和相關法規，以規劃合適的加工空間。

◆ 持續深化專業知識與加工技能，建立適合的商品銷售模式。

大暑將至，枝頭上的紅棗即將轉色、成熟。Me 棗居／提供。

為了替患有青光眼的愛犬 Mia 和喜愛農作的爸爸尋求更適合的生活地點，陳淑慧一家決定移居苗栗公館，並成立 Me 棗居。Me 棗居／提供。

曾怡陵

走入新北市泰山區下泰山巖前方早市，穿過喇叭聲、叫賣聲、市集廣播和臺語歌曲匯集成的通道，在一個販售日用品的攤位後方，掛著「活味噌」與「活鹽麴」布片的店面玻璃門裡，透著光亮。室內發酵室裡，人稱「無為」的李洺展，在一旁檢視香港學生 Shirley 培養味噌米麴的流程，已結業的手釀師陳鴻翔，熟練地進行甘酒釀的第一道發酵。

·

走出發酵室，無為脫下髮帽和口罩，瞥見玻璃門外有人探頭，才發現是遠從汐止跑來的客人，趕緊打開鎖著的門。「我在『臺灣真善美』的影片看到你們，你們好難找。」中年太太一面說著，一面瞧著桌上的味噌和鹽麴。無為帶著歉意的笑，「不好意思啦，我們還不敢對外營業，還沒有那個膽量在傳統市場裡開店。」

意外走入釀造秘境的農夫

「無思農莊」工作室現址，原本出租給人做店面使用，父親看他每天把二、三十公斤的米扛上三樓，再把成品搬運下樓，心裡不捨，默默地把一樓收回。聊著往事，無為的目光不忘跟隨 Shirely 和鴻翔的手部動作，並不時回應他們拋出的疑問。工作告一個段落後，他帶我們走向發酵室深處，挪開一個大陶甕，露出牆壁凹處的層架。裡面有二十幾支少量試作的味噌，見證過去三年的風味探索。

·

味噌從入甕開始，米麴、海鹽和黃豆隨著發酵時間漸次轉化滋味，讓味噌

產品旁放置便於客人攜帶的摺頁，簡介產品特色和簡易的料理方式。曾怡陵／攝影。

手釀師加入後，分擔了無為、螢四處擺攤的疲憊，他們以臺中的彎腰、永康和水花園市集為主力。林寬宏／攝影。

的風味由香甜轉為濃厚。味噌不做滅菌處理，因此稱為「活味噌」，在不同的發酵階段可以品嘗到不同的風味，也藉此體會佛法說的無常、因緣生因緣滅，在釀造的過程修練自己。

·

其中一罐地瓜味噌，是無思農莊的第一支風味味噌，如今已絕版。那是2017年，無為和太太林思瑩在新北市石門區一處山谷梯田，耕耘收成的產物。那是一個在無水電通訊的環境下，打造自給自足生態村之夢。後因山谷日照不足、高溫潮濕，收成始終不理想，被迫中止。

·

當時為了解決病蟲害的問題，他們曾嘗試用韓國的自然農法，用米醋製作配方補充植物養分。做米醋時，不料被米麴發酵時釋放的香氣和生命力深深吸引！米麴還可以製成味噌和鹽麴，進而解決收成不佳，擺攤時無菜可賣的窘境。味噌的基礎配方以米麴、海鹽和黃豆的比例做變化。米麴多則味道香甜，適合做沾醬；減鹽配方適合隨沖即飲；黃豆多則滋味濃厚，適合煮湯。風味味噌的部分，例如前段提到的地瓜味增，以地瓜等作物取代米作為澱粉來源。也有以紅豆取代黃豆作為蛋白質來源，或參考日本金山寺味噌的做法將白蘿蔔放進味噌一起發酵。

·

起初他們在石門一帶擺攤，之後為了陪伴無為的父親，加上受248農學市集召集人楊儒門之邀到臺北擺攤，決定結束山居生活，回到無為在泰山的老家定居。

與農共好的職人之心

無為在廚房從製麴開始摸索，不懂就請教麴商、參考網路資料並研讀碩博士論文，從頭建置適宜發酵的環境。無為說：「雖然我的釀造空間很小，但只要落實 HACCP 的風險管控，產品就不容易做壞」。他不僅在發酵室入口裝設濾網，室內也設置了負壓風扇和空氣清淨機，更將溫度控制在二十四至三十度之間。釀造過程中，工作人員全程配戴髮帽和口罩，使用的器具和食材也須經酒精消毒。因空間有限，無法設置獨立的熟食區和生食區，改為設計不同的工作區段來避免交叉汙染。他舉例，洗米時洗米水

無為與思瑩透過實地拜訪合作
友，除了可以親近土地、瞭解
友的種植狀況，也更能捕捉口
詮釋的靈感。圖為原味蕃薯園
協翰的黃豆田。無思農莊／提

會流到洗手台，若沒有將米缸下面沾附的洗米水沖乾淨，放置於工作台，
未經殺菌的白米飯又接觸到工作台的洗米水，就易受到汙染。

．

不同於多數職人總是追求單一極致的風味，無為曾經務農，深深體會耕作
的辛苦，抱持著以產品突顯小農作物風貌的共好心念，讓他開展出多種配
方。當初在石門種出地瓜時，他便思考，味噌的成分為米、黃豆、味噌麴
和海鹽，那麼是否可以用米和黃豆以外的作物作為澱粉和蛋白質的來源？
因而陸續實驗出地瓜味噌、芋頭味噌、紫米紅豆等口味的風味味噌，也在
鹽麴裡加入蒜頭和馬告，做出風味上的不同變化。

市集中人與人的連結

經過三年多的經營，如今無思農莊除了在臺北的彎腰農夫市集、永康小農
市集、水花園有機農夫市集等地擺攤，也自營蝦皮購物商店，並與二十多
個友善通路合作。

．

對無為來說，市集中消費者試吃的神情與評價，都是他開發產品與調整口
味的重要參考依據。市集中的部分農友，也成為他的合作夥伴。如今，北

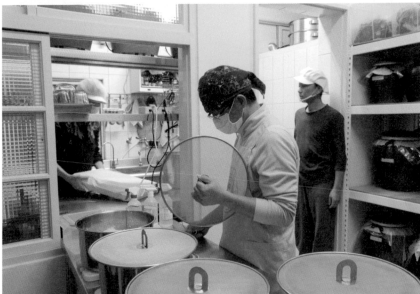

·無思農莊使用臺灣各地友善耕作的農作物，如：嘉義布袋洲南鹽場的海鹽、宜蘭南澳阿聰自然田的大豆和米等。無思農莊／提供·

·位於泰山的聯合釀販所與手作職人分享空間、設備、配方、食材與品牌。曾怡陵／攝影·

至桃園，南至屏東，東部的宜蘭、花蓮、台東都有配合的農友。每年，夫妻倆會到產地拜訪，趁機下田，除了更加確認農友是否採取無農藥化肥的耕作方式，也能稍稍慰藉無法圓滿農耕夢的遺憾。

搭建通往理想國度的天梯

過去，他們跟農友採契作的方式合作，他曾與農友用優於農會的條件契作，但農友卻在期間遇到買方以三倍價格收購的機會，「價格比我的市場售價還棒，我怎麼可以說，你跟我約定好了，非給我不可，我覺得這不是合理的合作關係。」

·

如今採取的方式，是先了解農友當令生產以及較難去化的作物種類，再依需求量採購。當令生產的作物，會用來製作可以突顯作物鮮明個性的產品，如甘酒釀和發酵時間較短的味噌；若是農友手邊有通路無法消耗的剩產作物，則會拿來做成發酵時間較久的味噌。無為說明：「食材本身的原始風味會在發酵過程中被轉變，發酵時間越長，新鮮度的差距就越不明顯。」

·

無為說他尚無法解決剩產的問題，客氣地說連紓解也談不上，但可以協助農友開創不同可能。他說起「甘酒釀」這支產品的誕生，是來自彎腰農夫市集的一場會議。那時水賊林友善土地組合的農友蔡刀，在會議上提出自家倉庫有白糯米求售。無為思索著或許可以嘗試製作甘酒釀，沒想到做出來的第一支甘酒釀，讓多數攤友嘗過後都催促著上市。甘酒釀的誕生帶進更多食材運用的可能性，過去用不到的紅糯米等穀類都可以作為原料，此外也納入花果的使用，玫瑰和草莓甘酒都是受歡迎的商品。

·

「我們和小農間應該互相合作，當彼此的階梯，一起探求新的機會並擴大市場，讓更多人相信我們在做的事情。」

集結社群力量孵化手釀師

無思農莊與樹合苑合作發展釀造訓練課程，包含在樹合苑參與六小時的釀造先修班、連續三天 24 小時的釀造手創班，以及在無思農莊進行為期九天

的職人手釀師三階訓練。三階訓練結業的學員，除了可以參與生產、銷售自釀產品，也可以調度其他手釀師的貨來賣。如今在泰山的聯合釀販所，有鴻翔參與運作，樹合苑的聯合釀販所則有三位手釀師進駐。

·

「在資本社會裡，財富集中在少數人身上。我和孟凱（樹合苑創辦人）希望接下來可以透過聯合釀販所的系統，把財富合理地分配。」合理，是指產品的收益可以平均地分配給農友、手釀師、通路和空間維護者。

·

正當無為說著願景，完成布麴的 Shirley 端著幾杯味噌湯走出發酵室，杯測的時間到了。杯測是味噌上市前的最後關卡，手釀師會以米、黃豆和鹽巴各自發酵轉換的味道，以及是否有發霉等雜味作為品評的指標。Shirley 正在進行職人手釀師的第三階訓練，先前未曾接觸鹽麴的她，無意間在臺灣一家餐廳看到無思農莊的產品摺頁，毅然辭去香港素食店的工作，來臺灣受訓。問及結業後的打算，經常擔任國際志工的她笑著說：「我的工作是志工，副業才是學東西。」不排除未來到臺灣參與聯合釀販所的運作，說這是熟練釀造的好方法。

·

「我覺得風味 OK 呀，昨天試的另一缸，就比較有酸味。」給予杯測評語的是鴻翔，曾參與樹合苑的黃豆課程，到澎湖開設豆腐坊，2018 年九月陪孩子來臺灣本島讀書，接受完整的釀造培訓後與無為一起合作生產，食材、配方和釀程則由無思農莊提供，產出數量的百分之二十歸自己所有，銷售所得即為生計來源。如今無思農莊的味噌和鹽麴全由鴻翔生產，月產能逾千瓶，無為則負責調整風味及生產甘酒釀，也能更專注地研發新風味。

一百位釀造師支持一千位小農

說到與無思農莊的合作，鴻翔感性地說自己的心態有很大的轉變：「無為的心地很好，第一，他願意把技術交給別人，這很不容易；第二，他寧願花更多成本用臺灣小農的東西。我覺得最感動是，一般為了成本考量，會買粗鹽然後自己磨細，但他直接買比較細的鹽，我問他為什麼要增加自己的成本，他說『讓他們磨等於增加他們的工作機會』。可以跟著他學，算

是我的福氣。」

無思農莊運用草莓、玫瑰、香

、芋香米、紅糯米等食材製作

酒,不僅提供消費者多種口味

選擇,也替在地農作物開拓出

。林寬宏／攝影。

「百釀千農」是無思農莊與樹合苑一起喊出的口號。假設一位手釀師可以跟十位用友善方式耕作的小農合作,若能有一百位手釀師,那麼就能支持一千位小農善待臺灣的土地。

無為說,這一路走來,理念與商機的拉扯,是對人性的考驗,「我讓手釀師進釀造所,某種程度也是讓他們來 monitor(監控)我,我不能偷食步。」從生態村到百釀千農的宏願,無為和思瑩這一路走來有振奮,也有猶疑。無為說:「當初希望過自給自足的生活,是比較離世的,現在的狀

態是非常入世的。我們修行的功力沒有那麼好，難免焦躁。」如今，協助更多手釀師一起滿足消費需求並支持友善農耕；甚至將聯合釀販所引進偏鄉，增加就業機會，看起來是一條符合眾人期待的濟世之路。然而，過往與田園相伴的生活仍不時召喚，使他們躊躇。前進路途中內心的衝突，或許將如同發酵，隨著時間修飾原味的銳角，轉化成柔和的芬芳。

無私食譜

談到料理，思瑩私心最喜歡的是活味噌美乃滋綠花椰及活味噌焦糖堅果，「味噌可以解甜膩和油膩，還可以讓味覺層次更加豐富。」

【活味噌美乃滋綠花椰】

材料：綠花椰菜半顆、去核酸梅乾一顆、美乃滋兩大匙、活味噌一大匙。作法：

1. 將綠花椰燙熟、去核酸梅乾切碎備用。

2. 將美乃滋和活味噌加入並混和均勻，再與綠花椰拌勻即可。

【活味噌焦糖堅果】

材料：二砂糖一百公克、冷水五十毫升、白味噌五十公克（涼夏或茶湯活味噌）、堅果四百公克。

作法：

1. 將冷開水倒入鍋中，再倒入二砂。輕輕搖晃鍋子，使得糖與冷水混合均勻。

2. 開小火煮糖液，一開始不要攪拌，否則會造成糖反砂結晶，不易煮融。當糖液開始變淺咖啡色，才用湯匙輕輕拌勻。

3. 煮到開始冒大泡泡、顏色略變深後，將味噌拌入其中，待香氣出現後加入堅果拌勻。

4. 將堅果攤開在鋪好烘焙紙的烤盤上，放進 120 度烤箱烤至上色即可。（若堅果是生的，可先小火拌炒約 25 分鐘。）

教戰守則

◆ 產品開發是生產者與消費者共構的過程，懂得喚醒消費者潛在的品味，就能支持更創新的產品開發。

◆ 善用加工製程對農產品風味的變化影響，有助於提升農產加工的調節能力。

◆ 用人際網絡相互扶持的理念經營社群，相互共好、產品更好。

010 凝煉時光的琥珀 —— 御鼎興純手工柴燒黑豆醬油

謝綾均

「我想買一瓶醬油。」

「請問您是要有調味還是無調味？要沾、要炒，還是要拿來滷的呢？」

·

走入御鼎興手工柴燒黑豆醬油，迎面而來的是滿滿一面口味各異的醬油牆。在工作人員溫暖的詢問之後，偶爾會聽到一聲驚呼：「天啊！我不知道醬油竟然有分這麼多種類！」這正是御鼎興致力耕耘的飲食文化新天地。

·

醬油是廚房不可或缺的調味料，更是料理成功與否的關鍵因素。然而，很多人可能已經不知不覺遺忘了醬油的「真味」。才剛坐下，御鼎興第三代製醬人謝宜澂便流暢地向我們介紹他與弟弟宜哲，還有雲林在地朋友所共同開發的「飛雀餐桌 *01*」。連日的活動與新空間的整頓讓他增添了些許疲憊，然而一說起醬油，藏不住的熱情笑顏在臉上頓時綻放著。

·

時間才醞釀出的工藝韻味

「御鼎興的前身是『玉鼎興』……」

宜澂細數自家品牌歷史，從阿公創業開始，父親謝裕讀在阿公走後，接下家業的重擔，但很快地就進入了艱難的「銅板價」代工時期。當時父母親除了醬油主業，還要兼做不少副業才能撐起整個家。自小目睹父母的日夜勞悴，也在父母身邊打下手協助，兩兄弟長大後不約而同地曾視釀造醬油為畏途。

·取出醬油過胚過濾,需再經
兩次的手工柴燒熬煮殺菌,整
醬油的製程才算完成。御鼎興
手工柴燒醬油╱提供·

「學生時代我很喜歡逛誠品書店。以前書店只有書，後來開始出現一些農特產品，這讓我忍不住想著，如果家裡的產品能在誠品書店販售的話……。」這個想法讓原本學外文的宜澂在退伍後，加速了回家的腳步。原先就讀師範大學的宜哲，則在更早之前就經不住內心情感的拉鋸，返鄉跟著父親從頭學起。

·

「釀造的東西，麴很重要，所以我們不太會擴增醬油以外的產品，因為不同的麴菌彼此之間會有競爭，所以我們始終保持工廠都是醬油麴的環境。」宜澂一邊介紹工廠環境，一邊解說醬油職人的專業與堅持：「製作一鍋醬油，即使以最簡單的方式拆解，仍然包括：泡豆、蒸豆、製麴、日曬、熟成到燒煮等不可省略的步驟，至少要十六道工序」。裝瓶、貼標這些環節也都要依靠人工。

·

「因為氣候、雨量等等變因，其實每一批來的豆子品質都會不一樣。豆子的溫度、溼度；要泡多久、蒸多久；蒸到什麼樣的彈性，麴的穿透力與覆蓋率才夠；拌完種麴後的變化……。這些都要靠長年的經驗在現場判斷，才能確保醬油的品質。」

·

主打「手工」與「柴燒」的御鼎興，重要配備之一自然少不了古老的大灶頭。與直火的灶相比，這種灶屬於更小火的米糠灶，光是柴燒熬煮的步驟，就比一般用瓦斯或蒸氣的工法要多上大半天。然而御鼎興素來專精的重要特質之一即是「時間的工藝」。宜澂解釋道：「光是發酵速度不同，夏天做的醬油跟冬天做的醬油就有風味上的些微差異：夏天外放，冬天內斂。如果你問我的喜好，我自己會比較喜歡冬天釀的醬油，他更具有被時間催化的韻味。事實上，我們每支醬油都一定要經過半年以上才會挖 02，如果為了衝銷售提早挖，是會被我爸罵的！」

讓人記起醬油原本的味道

醬油，是一種以大豆、黑豆及穀物等，含有植物性蛋白質的原料經過加工後的產物。其中，黑豆醬油，顧名思義主原料即是黑豆。御鼎興所在的西

螺,正是臺灣釀造黑豆醬油的重鎮。傳統的黑豆醬油單純以黑豆與鹽巴釀造,除了因時間或釀造手法的不同而產生口感與香氣上的差異以外,主要味覺還是「鹹」。隨著外來商品的傳入影響市場大眾口味,業者們為了迎合消費者喜好,紛紛開始製造加入強化產品甜味等人工調料的醬油。漸漸地,國人對於醬油的認知是,「鹹中帶甜的黑色液體」。事實上,現代醬油中的黑色,多半來自於焦糖色素,而鹹中帶甜的味道,也常是經由加工而成。傳統醬油,經過長時間的釀造,成品會呈現「琥珀」色澤,並給人「回甘」的口感。

2019 年一月一日,由食藥署所規範的「包裝醬油製程標示之規定」正式生效後,各類媒體平台推送新知,除了基改豆之爭引起討論外,大眾也愈發了解,原來醬油的製程還有水解、速成、混合、調和、釀造等分野。消費者對於醬油品質的重視與日遽增,超市架上的醬油品項也變得五花八門,其中不乏標榜「純天然釀造」的產品。然而怎麼樣的醬油才稱得上「純天然」,所謂的「手工釀造」又必需遵循什麼工序,這些概念在消費者心中仍然是模糊的。

「讓人記起醬油原本的味道。」就成為宜澂、宜哲兄弟二人對家鄉風土味的熱情起點。而父親對於工法的堅持,讓御鼎興成為如今市面上少數仍堅持以柴燒製作醬油的品牌,持續傳遞細火慢熬的風味。

職人對品質的要求,企業對品牌的堅持都必須反映在售價上,經營才能得以永續。兩兄弟投入家業的第一件事,就是換名字、改標籤、調價錢,而這幾項大刀闊斧的行動,也引爆了兩代之間的衝突。性格忠厚的老父因循傳統做法,成本總是只計算到原料的價錢,忽略即使是自家人也是人工,還是要有人事成本,所以常常一家人要工作到三更半夜,甚至還發生母親做到累倒直接睡在醬油堆中的往事。

不過,即便調整了售價,御鼎興的價格仍是非常實惠。宜澂不好意思地說:「我常常對代理我們產品的店家感到抱歉,因為賣我們家的醬油真的賺不

御鼎興而言麴盤就像黑豆寶
寶的育嬰室，要讓所有黑豆都穿
上黃色種麴的外衣，需時時檢查
它們的溫度與溼度，即便半夜也
要起身查看。御鼎興純手工柴燒
醬油／提供。

入甕的黑豆需經過四到六個月
的自然發酵，後院排列整齊的瓦
甕，每甕都是勞力與技術下的辛
苦結晶。御鼎興純手工柴燒醬油
／提供。

到什麼錢。我們成本原本就很高，所以這些合作對象多半是因為認同我們的理念，以推廣的心態販售我們家的產品。」

打開本土黑豆的銷售市場

御鼎興使用的黑豆主要是從中國東北進口的青仁黑豆與本土栽種的黃仁黑豆兩種。一般而言，青仁黑豆的風味會比黃仁黑豆濃些。如果單純製作豆漿，消費者可能會不習慣青仁黑豆的味道，但這種豆子經過釀造卻會產生特殊香氣。中國東北因溫差等氣候關係，種植出來的黑豆品質與價格遠優於美國，因而御鼎興從第二代起便堅持使用東北黑豆。

·

「為什麼不用本土黑豆？」宜澂話中透露出明顯的無奈：「你知道十年前幾乎買不到臺灣黑豆嗎？」2012 年，初回老家的他便曾為了黑豆跑遍全臺，打了無數通電話，甚至遠赴屏東的農會，但對方也只能回答：「量不夠。」他也曾遇上願意合作的農友，卻有產量或品質不穩定的問題，最後才在桃園找到願意合作的農友張明鳳大哥並合作至今。

·

宜澂提及，近年農委會農糧署為提升國內糧食自給率，啟動「大糧倉計畫」，投入黃豆、黑豆、紅豆、紅藜等種植的農民變多，雜糧的收成也隨之爆量，故而二級加工的需求也隨之增加。以黑豆而言，不脫黑豆茶、醬油、豆漿、穀粉等成品，幾乎都不是國人慣常食用的品項。即便越來越多人投入自然農法、有機種植、復育臺灣本土黑豆的行列，對加工業者而言，市場銷量與賞味期限等諸多問題都有待考量。後來透過「飛雀餐桌」的機緣，他們的確認識了更多種植黑豆的小農前來尋求合作機會，只是目前他們尚無法收購更多黑豆，這並非品種或品質問題，而是銷量尚未打開。

·

御鼎興旗下產品目前進口豆與國產豆的使用比例大約是六比四，「御鼎興」系列以進口豆為主，而由本土的明鳳黑豆所開發出來的產品有「濁水琥珀」、「米粒醬油」、「裸醬」，還有與禾乃川國產豆製所合作的「味噌御露」。其中日曬長達 540 天的濁水琥珀與經過三年乾式釀造的裸醬在 2017 年比利時的 iTQi *03* 大賽中，分別獲得三星與二星的盛譽。兄弟倆的用

心以及得獎的加持,讓宜澂可以自豪地說出:「以前一鍋醬油賣一年,現在一個月可以做三、四鍋。」然而這仍不足以支撐更多國產黑豆的使用。他表示,未來主要還是看銷量,如果國人對於國產黑豆醬油的接受度提高,他們很樂意提高國產黑豆的使用。

飛雀餐桌:每一口都吃得到雲林在地的風土

然而儘管自家品牌數十年如一日的保留了「手工柴燒」的技術,混淆的市場現況對於遠在偏鄉,又沒足夠資金鋪設大型通路與宣傳廣告的御鼎興而言,銷售困境始終存在。

·

既然無法大張旗鼓地走出去,那不如把人吸引進來吧!

·

喜愛自己動手的宜澂,有著充滿創意且樂於迎向挑戰的靈魂。在國外工作的過往經驗給了他餐桌上的啟發,回家後開始廣泛接觸不同領域的料理,並試著用自家的醬油替換食譜上的鹽巴。他笑著說,實驗當然沒有一帆風順,以醬油取代鹽巴通常可以帶出食物的特殊風味,但要特別到可以端上檯面,還是需要在不同食材配比間反覆嘗試,製作過程中忍痛倒掉一整鍋不盡人意的作品不在少數。有了心得之後,他開始在網路上分享他的私房食譜,例如醬油口味的磅蛋糕、蘋果派、烤布蕾……諸如此類。這些聽起來讓人食指大動,忍不住想一嘗為快的特製料理食譜,呼聲雖然很高,最後卻只引動按讚的手指,真的照著做的寥寥可數,於是他換位思考:「不如我來做給大家吃好了!」

·

2017 年十一月,「飛雀餐桌」初登場,由御鼎興主動邀請相關從業朋友參與,諸如從事果醬的柯亞、細粒籽工房、三小市集……等等。以醬油為主題的 Buffet,除了向賓客講解醬油的製程,也大量運用了在地食材與地方文化,巧妙搭配花藝作品,讓現場更具備西螺意象。藉由細緻的食譜討論、精巧的擺盤設計等,讓在地食材發展出前所未有的繽紛姿態,以這句「每一口,都吃得到雲林在地的風土」為口號,發展出獨特的醬油美學。他們對家鄉的熱情開始擴散也感染了大家,不論是在地小農、返鄉青年、加工

業者、料理小店都漸漸地被串聯到這個不起眼的鄉間一角，餐桌化為跨域的平台。在地食材的料理與美學，是平台上最主要的交流語言，吸引各地饕客不辭千里聞香而來。

食物為媒介，人才是主角

順隨著節氣的推衍，每次餐會均有不同的主題，諸如「流金歲月」、「初生大地」、「食農教育——從吃這件事了解生活與美」、「發酵——時代的豐盛味覺」、「發酵——風味探索與滋味延伸」等等。細膩餐飲規劃呈現出的畫面，還有講師們不藏私的分享，使得投資公司的負責人、會計師、廚師、作家、農夫、教師、裁縫師、攝影師、設計師、自營商、企劃、工程師、金融業顧問……等等來自各產業的參與者，在五感共振的同時，大腦也高速運轉，紛紛以各自的專業呼應與聚焦。

・

「飛雀餐桌」透過料理開啟多層次的深度交流，熱鬧的對話讓餐桌絕無冷場，隨著討論主題的延展，大夥關懷視角延伸至農業現況，協助友善環境的農產露出，也持續激盪著各種新產品的可能性，2019 年五月新推出的柳丁醬油正是其一。如此的交流，落實了飛雀餐桌「食物為媒介，人才是主角」的理念。

・

2017 年底的第二場飛雀餐桌以「古坑柳丁」為主要食材，餐桌上繽紛的柳丁料理背後，則是該年柳丁產量過剩價格崩盤的討論。「雖然我們無法憑一己之力扭轉柳丁崩盤的現況，但我們可以用行動肯定農友的努力。」會後，御鼎興採購了農友政鴻所栽種的友善土地柳丁，於隔年一月底與黑豆一同釀造，經過了一年多的時間，這支融合了柳丁清新的風味的新產品終於面世。

可以每天吃的最好

對製醬人而言，每一個新的嘗試都得動輒一年半載以上的時間來醞釀，要創造一個新口味醬油絕非易事。在柳丁醬油之前，御鼎興也發展過鳳梨、桑葚等不同口味，獲得許多消費者的支持。風味醬油的創造源自於扎實的

製醬技術,然而宜澂亦坦承,其中實在不乏失敗經驗,白葡萄醬油便是慘痛的教訓之一。為了保障醬油品質,御鼎興在風味醬油的製作上,均挑選友善土地、檢驗合格的農產,一次在市集上認識了生產白葡萄的小農,被葡萄的氣味吸引,卻誤信了對方檢驗合格的保證。一年後,一支香氣獨特到讓全公司同仁都為之振奮的醬油開發成功,卻在檢驗時才揭曉悲劇,落得整缸銷毀的下場。如此的前車之鑑讓他懂得在開發新產品的路上,腳步必須踩得更為謹慎。

.

製造醬油的過程中,兩代三人各有各的堅持與固執。父親專注於製程與時間的掌握,而他自己則聚焦在開發各種可能性。但是說到創新精神,他卻直言是來自父親。採訪當天,正遇上父親在熬煮的工序上做了一些創新,宜澂說,這麼一來可能今天大家又要忙到半夜。

.

每個調整都是成本的拉扯,可能產生衝突之所在,卻也是精益求精的堅持,最能撞擊出屬於他們獨特的花火。尊重「時間」是製醬人的最高指導原則,在彼此不同技能的互補之下,御鼎興不僅開創了一支支香氣獨特的風味醬油,開辦了一張張不同於傳統的飛雀餐桌。遵循手工柴燒的古法釀造技術,讓我們更慎重看待製醬人手上的工藝,將產品以「作品」視之,在每日吃食之間,將傳承與創新凝練在如同琥珀礦石般的醬油裡。

米粒醬油

市售醬油中多以黃豆製作,通常會再添加小麥增進香氣,卻不適麩質過敏的人食用。黑豆醬油香氣獨特且不含麩質,在臺灣有著更為長久的釀造歷史。黑豆醬油不僅是臺灣釀造記憶的一環,製程更是一種必須被傳承下來的文化。

御鼎興的米粒醬油,來自父親對於阿公的回憶,是一支無調味醬油,跟琥珀醬油一樣,釀造時間超過五百天,嚴選西螺濁水米一同熬煮成「有感」醬油。米粒原燉,看得到漂浮在醬油中的米粒,在醬香與豆香之外還吃到米的香氣,口感令人驚艷。

米粒醬油與一般醬油膏的用法無二,由於口感不會死鹹,可以直接淋在豆腐、蘿蔔糕、水餃、粽子或其他川燙食材之上,或者佐以蒜末、辣椒、醋、香油等香料,調味隨心所至。然而真要說它超越一般醬油膏的地方,則是那純粹的醬油底。

米粒醬油入湯熬煮也沒問題,下回做日式雜煮或者醬油拉麵時,不妨試用米粒醬油來提升風味。

教戰守則

◆ 保留傳統釀造手藝,開發在地原料,創新不同口味,創意加乘古早味價值感。

◆ 社群互動中讓消費者體驗產品特色,也參與創新的過程,拉近產銷兩端距離。

011 ┃ **「我很喜歡這種大家一起共進的氛圍」** ── 源順食品

謝綾均

紅、黃、綠、褐、棕……一球球口味各異的「米糰條」放在桌上，彷若繁花盛開相當吸睛。這些色彩鮮豔的米糰條，正是源順食品與農民契作，以有機秈米投入米糰條開發的動人成果。總經理吳全斌表示：「我的原則是，跟我契作的面積只會增加不會減少，而我就是負責開發新產品，讓契作的農民了解這是一條可以一直走下去的路。」

·

延續臺灣傳統米食文化，並在技術上不斷的推陳出新，源順食品試圖在這米食衰退的時代，引領米類的新食品風潮。

太辛苦的七十年後

源順食品位於雲林虎尾，以製作米粉起家，至今已邁入七十年。若再加上過往家族於土庫經營的油品、麵粉等事業，可稱為百年老店。總經理吳全斌一邊手沖著自家生產的咖啡，一邊數算著自家的歷史，神色饒有興味，流露出對深厚根基的自信與篤定。細數往事的同時，彷彿也描繪出了食品加工的百年縮影。

·

原本從事麵線、豆簽等食品加工的祖父吳盞，1945 年，因小孩就讀虎尾高校，舉家從土庫搬遷到虎尾。除了延續過往的事業，吳盞還接下了一家原本經營不善的米粉工廠，就此打開米粉事業，在源順食品現址一扎根便是數十年。

·

傳統米粉的製作工序相當冗長，回憶兒時，吳全斌也不由得感嘆了一句：「太辛苦了」。米粉的原料是在來米，在傳統的認知裡，製作米粉必須使用「舊米」，因此每年購入的米都需先存放一年才能進行加工。取出舊米後，光是浸泡就要一個多小時，然後才能磨漿、壓乾。在製作成米粉條之前，得像製作麵條一樣做成「粿仔切」拿去蒸，如此經過糊化、揉製、擠絲、蒸熟與整形等步驟，最後才是乾燥。

·

為了搶在太陽出來之前完成所有工序，進入曬米粉的環節，工人們幾乎都住在廠內，每天半夜十一點便起來輪兩班製作。第二班的女孩們需在三點前起床，趕著將蒸熟的米粉整形，準時於早上六、七點左右推出去曬。陽光好的日子一天就可以完成，差一點的時候，可能還需要兩天的時間。為了因應如此繁雜的工序，常態員工至少有二十幾位。

從穀粉回歸百分百「米」粉

莫約在 1980 年代左右，玉米澱粉和小麥澱粉的應用觸角開始深入食品加工業，對米粉的主原料「米」，造成了很大的衝擊。在原本的米粉中加入玉米澱粉、小麥澱粉或其他的添加物，不僅可以提升口感，米粉也變得更Q彈而不易斷裂，製作工序更是節省大半。然而，成本降低也讓營養價值減少。「一開始我父親並不贊成混用其他粉類，但由北而南，米粉業很快進入價格戰，從一開始添加一成、二成，到最後甚至米都不見了。」直到「米粉事件 04」爆發，消費者才重新正視這個問題。然而早在事件之前，米粉市場便已經大幅萎縮。

·

1986 年，吳全斌接手源順食品。大學就讀化工系，吳全斌說自己喜歡「變來變去」。除了原有業務，很快地便投入了產品研發以及升級轉型等工作。他笑著說，一開始是朋友的一個問句：「你做米粉，那米是不是也能做米麩？」在他試探地添購一臺二手研磨機器並成功磨製後，問句接踵而來：「可以做米麩，那黃豆是不是也能磨成黃豆粉？」一步一步地嘗試，「穀粉」遂成為他突破公司原有業務的第一個觸角。

·

彩繽紛的米糒條是源順食品
農民契作有機秈米投入米食加
工開發的招牌產品。林寬宏／
影。

幾年後，隨著有機商店的興起，他也將視線轉移到有機市場。只是環顧手上能掌握的產品，「炊粉」並不適合走入高端市場，於是他研發了一項新產品「素香鬆」。購入原料胚後，一反其他業者以黃豆粉來增加重量的常態作法，改而透過芝麻、羅勒等健康食材創造出不同口感，從而獲得消費者的好評，銷售一路從臺北拓展到中南部。隨後他緊接著購入有機麵粉，委託朋友的工廠製作成有機麵線，同樣有著不錯的銷售成績。這些成功經歷卻引起他的自問：「我的主業是米粉，為何沒有把米粉賣進去？」

一動了米粉的念頭，他就挑戰最艱鉅的任務。除了回復「純米」米粉外，他追求更高的營養價值，意圖革命性地採用「新米」和「糙米」為原料。在「米粉只能用舊米製作」的傳統觀念裡，處於一片不看好的聲浪之中，吳全斌花了一年的時間去尋找適合的品種，同時克服現有技術，最後發現確實有部分品種可以採用新米製作米粉，且無須任何添加物。2007 年，顛覆傳統製造方式，全臺首創的百分之百糙米米粉終於誕生。

特別契作在來米打造「米糰條」

在來米的產量原本就少，加上特定品種與有機等諸多條件，因而開啟了契作之路。吳全斌首先循著糧商、改良場等單位，找到臺南有機專區位於官田的農場。農場主人原本就在推動有機稻米與菱角輪作，因此很快就順利展開合作。從一開始小產量必須請人代磨，慢慢輔導成立自己的碾米廠，到現在已擴增碾製、磨粉、烘乾等相關設備。在這過程之中，源順也在自家工廠內持續改進傳統米粉原料的製程，提升技術、簡化步驟、縮短時程，陸續開發出多項製作技術專利。一直到 2013 年，終於取得有機農產加工驗證，正式生產全臺灣第一支有機糙米米粉與其他有機米粉系列。

宜蘭也是源順另一個契作的重點區域，因為宜蘭投入有機農作的小農相當多，且中小型碾米廠並不難尋。反而是自己所處的雲林，卻因為慣行農法的使用較多，適合契作的位置難尋，一直到近三、四年才開始有小量的契作。目前契作總面積超過四十公頃，品項以在來米為主，並慢慢擴增黑米與蓬萊米（主要作為烘焙用粉）。

多年累積之下的製粉與擠壓技術，讓吳全斌勇於開發新產品。2012 年，源順與食研所共同開發出名為「加穀粒」的重組多穀米新產品。過程中帶入的實驗與生產設備，更成為日後與臺大團隊共同研發「米糰條」的利基。同樣以「純米」為原料的米糰條，選用特別契作的在來米品種，不僅百分之百使用有機糙米，零添加物，透過機器高效率的反覆揉碾、擠壓、蒸煮、熟化，更有著媲美義大利麵的 Q 彈。此外更具無麩質的特性，以及更高蛋白質、膳食纖維、微量元素等營養優勢。

·

米糰條選用臺灣有機糙米製作，每粒米都是源順與農民契作的當期有機新鮮糙米，完整保留整顆糙米的營養。創新擠壓技術所開發出來的糰條，口感 Q 彈有勁，根據糰條形態的不同，與醬汁間的吸附關係也耐人尋味，讓麩質過敏者也能享受到 Pasta 的滋味。

開放技術與少量代工協助雜糧農自立

源順在「穀粉」的生產技術上也保持精進，持續引入更專業的研磨設備，擴展膨發、低溫烘焙、蒸煮、瞬間熟化等不同的技術。在努力創造商品不同屬性與特色的背後，其實是一份協助臺灣在地雜糧發展的心意。有了這

· 傳統米粉的工序相當冗長，
了縮短製作時間，源順持續改
傳統米粉原料製備的製程，提
技術、陸續開發出多項製作技
專利。源順食品／提供 ·

· 在米糰條壓製技術成熟後，
積極開發不同造型的糰條，創
舌尖上更多元的口感。林寬宏
攝影 ·

些設備後，源順並沒有把這些技術專美於自家產品，反而開放 OEM *05*、ODM *06* 的機會給小農和青農，讓他們在原有的生產外，也能夠創造出更多產品價值、增加收益。

·

來自溪洲的農產產銷平臺「溪州尚水」便是透過熟識的小農與源順接洽，將他們與溪洲在地小農契作的米交予源順磨製生粉、米麩等。而溪州尚水團隊自行研發的「玄米鬆餅粉」則是在計算出比例後，委託源順協助進行營養成分計算，以及和粉、包裝等工序。溪州尚水的夥伴心韻表示，源順所提供的小量代工對小農而言是非常友善的作法，否則不論是成本或囤貨問題都將成壓力，難以實現期待以加工開源的本意。

一起共進讓越少土地被拋棄

隨著近年各地積極舉辦小農市集，也讓小農間彼此有更多交流機會。在口耳相傳之下，越來越多青農前來尋求代工協助。負責青農業務的是吳全斌的大女兒吳亞欣，她表示目前與源順合作的青農超過六十人，每位青農產量不一，需求各異，對廠內的排程與人力調度都是相當大的考驗。然而隨著合作對象的增加，也讓他們看到身為加工廠方的著力點。吳亞欣說：「除了理解青農他們的需求，我們也會針對不同的製程、配方、包裝等與他們討論，協助他們就自己有的產品開發組合成新品，在市場上作出區隔。例如同樣都是黑豆茶，我可能會建議他用不同的重量，或者搭配其它材料風味，才不會每個人都生產出一樣的產品。」

·

吳全斌指出，對於青農而言，單靠農產品的銷售維生有一定風險；如果能搭配加工產品，在非產季時也能創造收益，才能支持他們繼續邁向從農之路。只是青農若要獨力肩負加工，常常是不小的成本負擔。因此，儘管與青農們合作大幅增加工作上的繁瑣，但源順仍願意加以協助，讓青農們能專心回到專業耕作上，顧好農產品的品質。從中省下的時間，青農們可以跑市集，銷售自家的產品，把土地的故事分享給更多人。吳全斌感性地說：「越多人可以透過農作維持生計，就越少土地被拋棄，我很喜歡這種大家一起共進的氛圍。」

臺灣米食重新出發

「臺灣在來米的品種多元,可加工性強,就連注重米食的日本也難以企及。如果能夠調查臺灣從事在來米開發的各種加工廠,從中記錄不同米種的優勢、特性與經驗數據,在資源與資訊的整合與調整之中,隱藏的或許是一條等待綻光的米食新路。」

.

回到食品加工業者自身的處境,吳全斌也難掩心中的矛盾。開發出米糰條後,難免會有更宏大的企圖,希望將工廠的設備規模擴大成一條龍,讓產量可以加大。但如何擴大、如何開發生產設備,都需要更細緻的規劃,無法貿然投入。

.

從另一方面來看,也正是規模沒有那麼龐大,才能保有協助青農代工的靈活度,而不只是著眼於提高產能。目前生產線的許多環節仍然仰賴大量人力,廠裡三十多位員工中,多數是鄰近社區的年輕婦女,她們可以一面工作,一面就近照顧家庭。他認為,農產加工廠不是高科技,不一定要到工業區去,設置在農村邊緣其實很適合。

朝向品牌化經營。除了國內市場,透過國際食品展的契機,也將產品外銷至澳洲及新加坡等地,米粉及黑豆加工產品的外銷甚至多達六、七成。吳全斌指出,臺灣有能力做出好產品,只是市場有限。如今電商平臺看似蓬勃發展,但每個通路的銷量都只有一點點,甚至量販店的銷量也都不多,卻又不得不一一鋪貨,行銷成本相對上升不少。他認為近年小農市集的推廣,對於國內市場是有所幫助。但在有限的國內市場之外,政府應可著力協助民間搭建平臺、連結資源、共創品牌,讓臺灣的好產品可以透過國家品牌形象對外開拓,協助農產的去化。

.

如此,農民做好種植、生產者做好加工、經營者做好品牌、政府部門做好平臺,在結盟的概念之下共同努力,才能將臺灣產品的真正價值傳遞出去。

米糰條食譜

米糰條是源順食品研發多年終於成功的百分之百糙米產品，與臺南、宜蘭等地的有機農民契作，是使用整顆糙米製成，也是經過驗證的有機農產品。多年的研磨技術發展，讓源順發展出將糙米的粗大纖維細緻化的專利技術，不僅減少腸胃的負擔，且養分能被人體充分吸收，為臺灣有機米的開發出全新面貌。

全穀物製作的食品，包含了麩皮、胚芽及胚乳等營養精華，豐富的膳食纖維則有助於降低升糖指數，不含小麥蛋白的特性，同時也是無麩質飲食者的佳音。僅管米糰條外表神似義大利麵，但稻米特質並不似麵團具備延展性，所以需透過高效率壓擠蒸煮熟化的技術，以物理方式反覆揉碾，方能錘鍊出 Q 彈的口感。因為屬性差異，煮米糰條的方式也有些許差異，步驟如下：

1. 先將八百毫升水煮沸 (一球糰所需水量)，並盡可能使水蓋過糰體。

2. 丟入糰條，並保持水微沸的情況，以中火煮約十五分鐘左右。

3. 將糰條撈起過冷水，以增加米糰條 Q 度。

4. 煮糰的過程則可同時準備自己喜歡醬汁和其餘食材，待糰熟拌和即可享用米糰條的特殊口感與自然美味。

5. 若想縮短煮糰的時間，則可先將糰條浸泡冷水三十分鐘，再以中火煮五至六分鐘左右，即可撈起。值得一提的是，煮糰水看似混濁，實是養分十足的米漿水，打入蛋液與玉米，再依照喜好加入鹽巴與黑胡椒，美味的玉米濃湯便輕鬆上桌囉！

教戰守則

◆ 越了解原物料的不同特質，越有機會開發出不同的加工產品。

◆ 以專業契作的自有產品創造核心利潤，以專業的加工技術支持小農彈性加工的需求。

· 擁有充足日照的宮崎，擁有豐
富多樣的特色農產，柑橘更是
聞遐邇。丁維萱／攝影 ·

012 | 日向國的六級逆襲 ── 宮崎縣府打造食平台連攜農商工

丁維萱

位於九州南部的宮崎縣全年日照充足，舊名為日向國，是日本最古老的城市之一，也是神話故事中的天皇發源地。除了許多名勝古蹟外，氣候溫暖的宮崎縣一直是日本的農業大縣，特色農產品是柑橘、溫室芒果，和牛與炭火燒地雞更是令人津津樂道的美食。

·

隨著日本中央政府發布「六級產業化政策」，宮崎縣的農業公務員著手研究國家統計資料發現：宮崎的生鮮農產在日本有高市占率，但在農產加工品的市場表現卻很不起眼，在 2010 年的調查中竟是九州七縣裡相對比率最低的縣。

·

在宮崎鬧區經營雞肉串燒店的黑木先生，近來有一個煩惱，因家庭變動因素，開銷大幅增加，有著一身好廚藝的他，靈機一動，決定開創副業，業餘時間做些有特色的蔬果加工品，多少能補貼家用，因此便到了食品業務諮詢站，尋求協助。

開辦「食品業務諮詢站」免費顧問

為了整體強化宮崎縣的農食產業系統，縣政府轄下的「公益財團法人宮崎縣產業振興機構」開始提供「食品業務諮詢站」的服務，中小企業主、農民或甚至是個人，都可以免費諮詢食品相關問題，站內有許多具備不同專業的顧問，可以提供地方業主或一般民眾各式免費諮詢服務。

·

2013 年起，宮崎縣政府新設立了「食品業務部門 07」，目標是將宮崎縣廣大的農食產業做整體性的推動和規劃，計畫涵蓋縣內的「六級產業化」和「農商工連攜 08」政策。縣政府估計，若能提高一百億日圓的農產加工產值，預估將增加兩千名就業人口，提高縣內就業率。而這些新增就業人口領到薪水後在縣內消費，還能再創造 380 億日圓的經濟規模，不容小覷。

也就是說，一旦宮崎縣內的加工食品產業的比例提升，期待後續就能夠帶動宮崎縣的民生經濟循環，藉此活絡地方產業，還能帶動縣內與「食」相關的觀光新亮點。

媒合「農村加工場」代工製作

來到食品業務諮詢站的黑木先生，花了許多時間與顧問仔細討論產品定位和銷售策略，他們發現日本國民習慣自炊，家庭調味料使用頻繁，像美乃滋這種家家必備、消耗量又大的調味料，每週可以販售出的數量相當驚人。

儘管黑木先生自己會設計美乃滋食譜，但是要流通到市面上販售的商品，一律都必須在符合規範並合法登記的小型加工廠內製成。若商品的商業規模還沒有穩定到有必要投資建設加工廚房，可以先委託國家認證的合格加工廠協助代工，減低加工產業的進入門檻。

黑木先生最後決定要製作不含雞蛋、牛奶等潛在過敏源的豆乳美奶滋，以做出市場區隔。顧問告訴黑木先生，在宮崎縣內的諸塚村有農戶種植大豆，同時也介紹該村具美奶滋製作經驗的社區加工坊給黑木先生，讓他可以直接將食譜委託此加工坊製作。

農村加工坊的運作是由一群當地婦女組成，由資深、上過食品法規和安全課程的班長帶領各班運作。因為日本傳統上女性需照顧家庭，無法擔任全職工作，且農村就業機會較少，因此以接案、排班方式運作的農村加工坊反而可以提供農村婦女另一種彈性就業的選擇。

加工廠負責人、商品委託人和設計師在農村加工場討論商品規劃並進行試做，強調在地素材和製作開發商品的獨特性。丁維萱攝影。

而農村加工坊除了製作平常農村社區、學校辦活動會用到的便當、飯糰、點心之外，也接受外面個人或企業單位委託，製作特定的加工商品。除此之外，也自行發展使用當地農特產品製作的特色加工品，活絡地方產業發展。例如，盛產香菇的農村就會由地區加工場發展一些香菇的醃漬風味小菜。這樣的農村社區加工坊可謂是創造多贏的良性組織。

設立「宮崎食品開發中心」接軌產業六級化

為了將產品量產上市，黑木先生跟設計師亞矢小姐約在諸塚村的「木屋婦人加工廠」見面。諸塚村是離宮崎市區三小時車程的山邊村莊，當天黑木先生和「木屋婦人加工廠」負責人尾形女士約見，在加工廠一起試作食譜。黑木先生邀請設計師亞矢小姐一起參與製作流程並拍照取材，用於後續的產品設計與包裝行銷。

由於黑木先生仍有串燒店的主業，美乃滋委託「木屋婦人加工廠」團隊每週定量製作，之後再依實際販售的狀況調整生產數量。在實際開始販賣前，黑木先生帶著自己調配的食譜和預定使用的食材，在加工廠與負責人尾形女士一起確認未來商品的製作材料和 SOP 流程。除了在製作過程中一步步

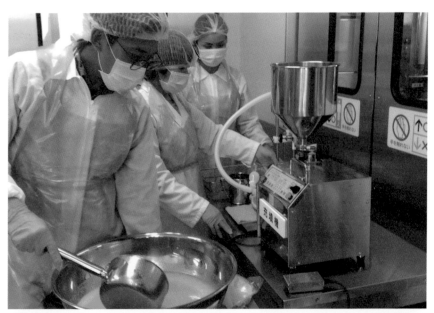

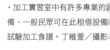

· 加工實習室中有許多專業的[設]
備，一般民眾可在此租借設備，
試驗加工食譜。丁維萱／攝影·

· 農友利用宮崎在地的柑橘所[製]
作的橘子汁。丁維萱／攝影·

確認加工細節外，也依照彼此的經驗討論商品的包裝素材及容器樣式。因為參與了一整天的試作，結束後設計師很快就可以製作出符合業主調性的文宣和包裝設計。

·

黑木先生的美乃滋是宮崎縣把食品業務作為農業發展首要戰略下，成功運用政府提供資源的產品。除了與地方的農場工作坊合作，如何能夠系統性地支援地方業者技術開發，也成為主要的課題。附屬在宮崎縣政府的「宮崎食品開發中心」除了技術研究和食品安全的測試分析之外，也依照不同原物料特性，給予農民開發加工品的技術協助與後續服務。宮崎食品開發中心附屬的「加工實習室」和「食品開放實驗室」讓想要開發加工品的農民、中小企業主，能夠以極低的成本，有效地提高自家加工品的市場成功率，順利接軌產業六級化。

·

提供「加工實習室」專業器材

由於日本對於市售加工品有嚴格法規限制，除了加工場所需符合當地衛生法規，從業人員也要取得衛生講習課程證明。國家對於加工空間、包裝也有嚴格規範，如自家廚房製作的加工品不能夠在市面販售、商品包裝需明確標載內容物及加工場所等資訊 [09]。

·

但要符合國家規範的加工室，必須添購專業的加工機械，並非一般農民能夠輕易負荷。因此，也開放民眾租借「加工實習室」與專業設備，試驗、調配出自家農作物的加工食譜。

·

在租借的過程，食品開發中心也會派員從旁輔導，並說明國際最高標準的食品安全規範。對於原本只專注農務的農民來說，到「加工實習室」不只可以利用專業加工器具，也能學習到衛生安全的加工知識。然而，「加工實習室」雖然有很多專業的器材，但在原先的空間配置上，並不符合日本對加工空間的嚴格規範，只能提供農民在此嘗試簡易食譜、製作少量樣品，距離成品上架通路，測試市場風向尚差臨門一腳。

啟用「食品開放實驗室」製作合格樣品

宮崎食品開發中心在 2014 年十月啟用「食品開放實驗室」，內部空間配置和設備皆符合國際最嚴格的食品加工標準，希望能讓租借場地的農民、中小企業者，可以製作出合乎國家法規的加工樣品，到市場上試試水溫，接受消費考驗。

·

若做出來的加工樣品在市場上的反應良好，農民也較有信心進行下一步的設備廠房投資。畢竟要建設符合國家規格的加工廠所費不貲，在投資前若有機會先確保加工品受消費者青睞，農民要轉型至六級產業的存活率也會提高許多。

·

食品開放實驗室一小時租金為三百日圓，讓承租人可以在其中製作取得販賣許可的產品、製作可於展覽會展示或是試驗性行銷的產品、規劃小單位加工品的設備規模、體驗學習從基礎開始的衛生管理與品質管理規範、試用公司裡沒有的專業設備、實驗製造並販售新產品。其中需要使用特別的機械設備會個別另外計價，每個小時以數十到 550 日圓不等。一位申請者一次最長可以連續租借兩周的時間，之後需要可以再度申請租借。

·

以製作橘子汁的農民為例，使用一整天會用到野菜洗淨機、填充機、蒸氣回轉釜和榨汁機四種專業器具，除了場地費外，約四個小時的加工結束後只需負擔 1,120 日元的租借器材費，價格極其親民！

活用地方特性，讓有潛力的人有機會改變宮崎

宮崎縣內有「六級產業化之父」之稱的井野先生，對宮崎縣目前全民一心正如火如荼進行的「食品業務」有以下描述，或許可以借代作為本篇的結尾。井野先生說道：

·

「農夫的優勢是種出獨具特色和風味的農產品，加工業者的優勢則是可以穩定地量產加工品。加工業者可以用任何地方的原料製作加工品，同一樣加工品，不管是北海道的加工廠做還是宮崎縣的加工廠做都沒有太大的差

· 地方超市和道之驛都有販售多樣化的在地農產加工品。丁維萱／攝影 ·

· 具有在地特色的柚子美奶滋。丁維萱／攝影 ·

別。所以個體加工廠如果想要突顯自家加工產品的特色，就必須從原料食材下手。

．

宮崎縣的加工業者比起其他縣的加工業者規模來得小，為了從市場中突破、存活，他們必須彰顯自己產品的特色——那就是從宮崎縣特色美味的食材下手。宮崎縣有非常多有活力的農民和農業法人團體，我們必須要活用地方特性，讓有潛力的人可以有機會一起改變現狀，這也就是宮崎縣提出『 Food Business 』事業的用意。」

教戰守則

◆建立提供加工知識、設備與技術輔導、產業化諮詢的平台，讓有潛力的人一起改變現狀。

◆生產端上活用地方自然與社會資源，從消費端理解國人飲食習慣，更能開發出受市場歡迎又深具地方特色的加工品。

註

● *01* │ **飛雀餐桌**

飛雀餐桌行動每月固定於「御鼎興」舉辦，採取線上預約現場繳費的機制，偶爾亦有外縣市的活動邀請，詳細時間地點多於 Facebook 上公告，有興趣的朋友可搜尋「飛雀餐桌行動 Future Dining Table(https://reurl.cc/6gGpqO)」

● *02* │ **挖**

將釀造數月的發酵熟成的黑豆，從陶甕中取出。

● *03* │ **iTQi**

位於比利時布魯塞爾的國際風味暨品質評鑑所（International Taste & Quality Institute），每年會依照外觀、香氣、口感、質地、後味等項目，評選來自全世界各地的食品與飲品，並授予獎項肯定，協助產品推廣。

● *04* │ **米粉事件**

2013 年一月，消費者文教基金會與上下游新聞市集合作針對市售米粉進行調查，發現市面上多數包裝米粉含米量過低，超過九成的業者利用玉米澱粉取代純米粉，引發軒然大波，也讓純米米粉再次受到消費市場重視。參考資料：米粉 / 米穀粉真相調查（https://reurl.cc/6gk8y5；瀏覽日期：2019.12.03）

● *04* │ **OEM**

OEM 為 Original Equipment Manufacturer 的縮寫，意即代工生產，廠商依照客戶的設計圖，按圖索驥製作成品，並不需要額外的設計能力，是最傳統的代工模式。

● *05* │ **ODM**

ODM 為 Original Design Manufacturer 的英文縮寫，意即委託設計，工廠委託設計能力主要奠基在代工生產的基礎上，廠商可以根據客戶的需求，設計並生產出成品。

● *07* │ **食品業務**

日文為フードビジネス，Food Business 之意。

● *08* │ **農商工連攜**

農林水產省及經濟產業省為鼓勵農家、食品加工、商業服務等廠商互相合作，設立了《農商工連攜促進法》，設立許多補助措施，協助開發新產品與推動地方旅遊觀光。參考資料：農商工等連携促進法に基づく支援の内容（https://reurl.cc/5gXgbM；瀏覽日期：2019.11.19）

● *09* │ **加工場所**

這裡所指的加工場，不是臺灣法規指的那種在工業區或是「工廠登記證」的工廠，而是指符合日本國家衛生法規設置的食品加工場所。

04　買到剁手的家鄉 WAY──農會篇

·台東農會的有機專區，每年
月中起，洛神花開搖曳生姿。
東地區農會／提供·

013 │ 躍上加工亮點的紅寶石 —— 臺東地區農會

陳怡如

每每秋季總會見到一片農作中艷紅得耀眼的洛神。尤其受到臺東溫暖氣候
的照拂，這裡的洛神比起臺灣任何一處來得更加狂放，在山邊石礫地上的
茂盛葉叢中結實累累。人人都知道小米是原鄉的農作，殊不知洛神亦是臺
東原住民的主要農作。在小米收成的同時，農民會緊接著栽種洛神。待到
秋冬收穫，又是播種小米的季節。

·

四月朗朗晴天，正是栽種洛神苗的季節。臺東地區農會食品加工廠的倉儲
型冷凍庫，仍儲放著上一季的洛神，因此得以如常進行蜜漬洛神的工作，
生產線上也正包裝著業已完成蜜漬的洛神果乾。加工廠趙正源主任走向冷
凍庫，打開包裝，手捧洛神濕花，芬芳撲鼻而來。「好香！」忍不住讚嘆。
對趙主任來說，已是入芝蘭之室，久而不覺了啊。

石礫中開出的花朵

趙主任推動洛神加工業已廿載，從當年開小貨車親赴農家收貨，到走進加
工廠內研發、主導加工作業。在認真嚴肅的對談中，趙主任偶然嘴角笑開，
自嘲是「校長兼撞鐘」。廿年前，趙主任也是一介返鄉青年。他從中興大
學食品科學系畢業後，任職於知名的連鎖廠商總部擔任食品研發。心繫務
農的老家，27 歲辭職返鄉，考取臺東農會，父親與哥哥也都是農民，更是
農會會員。

·

多數人會因兒時幫農的辛勞，從此不敢再踏入農田。對趙主任而言，兒時

跟著爸爸做農事卻是甜美的記憶。他說，在一期水稻收割前，他們會把水稻撥開，撒下香瓜苗。水稻收割完後，短短的夏季期間，瓜果也熟成了。二期水稻收割前也是如法炮製，撒下輪作作物的種子。農民勤勉於田地上的態度，趙主任自然具備，只是場域不同。他辛勤耕耘於農會加工廠，擔負農產過剩的解決之道，思量加工食品的出路。

·

「農會設立食品加工廠不為生產暢銷商產，不以營利為目標。」正因為如此，處理轄內農產過剩，尋求加工途徑，便是趙主任的主責。當時食品加工廠正面臨百香果產季豐收，供應過剩使價格慘跌，委託彰化代工廠榨汁，又發生廠家摻水不實的情事，遂轉而與臺東農校建教合作。當百香果事務落幕，他盤點轄區內的農產時，留意到洛神這項農作。長濱鄉、金峰鄉、卑南鄉、太麻里鄉皆是洛神產區。趙主任形容，當時的洛神可說是弱勢產業，原因在於土質：「因為原住民農民、年長農民多擁有山邊石礫地，這樣的土地不適合種稻、種菜，不知道種什麼就種這個。」

洛神出水重生

再聽趙主任進一步說明，方知洛神產業的弱勢情況曾經以價格低下呈現出來：「商人不收新鮮採下的濕花，農民拿到備有小型烘乾機的農戶做成乾花才能交貨，每公斤才十幾、二十元，農民都沒有利潤。」而原住民農民獨特的換工文化，剛好發揮在需要高度人力投入的洛神產業上，每到產季就會相互幫忙採摘、去籽，這看在趙主任眼裡卻覺得入不敷出，難免心疼：「每到產季，廿幾人來幫忙，採收到下午三、四點，鋪在家門口開始去籽，直到晚上十點。因為天氣寒冷，他們邊工作邊吃起燒酒雞，商人這時就登門收貨。那麼多人來做，可是收入才兩萬多元，要不是原住民農民有互相換工的習慣，不然根本入不敷出。」

·

自從將洛神納入農會契作的農產後，農會收購新鮮濕花，價格每公斤三十元，趙主任直呼：「這在當時算是天價了！」原本農民要自行送交烘乾，方能以每公斤十幾、二十元由盤商收購，不難想像農會以保底價收購濕花，轉變了當時洛神的弱勢地位。「農會踏出這一步，是不要讓農民受傷害，

經過我們努力，已經把價格的水平拉上來，收購價每公斤五十元，隨市場價格漲就漲價。」

·

當洛神的價值被市場看見後，每當供過於求，仍會有商人來向農會契作農戶搶貨。「以前我都晚上去跟農民載貨，回到加工廠冷藏起來，就已經半夜了。後來改請農戶在去籽後裝麻布袋，第二天早上我再去收貨，盤商還是可能在前一晚去搶收，每公斤多給個兩元。」這對趙主任來說是業務上的挑戰：「農會的態度就是服務農民，我跟農民說，農會也需要生存，生存下來才能繼續服務」。

·

為了盡力收貨，加工廠在十年前成立三間倉儲型冷凍庫，每間六十坪，五米高，至多可儲放三百噸洛神濕花。以去籽後的新鮮濕花而言，一公頃面積可出產三噸，而農會每年契作七十至八十公頃，倉儲足足有餘，在洛神產季時，得以穩定地向農民進貨倉儲。

叫人記住豔紅的光芒

廿年來的洛神產業，相應的技術也有了改善：「洛神濕花從倉儲取出後直接用於加工，十幾年來都從未事先清洗。2018 年向農糧署提出計畫購入機械。原用於清洗蔬菜的設備，具備按摩水浴，可以充分洗滌。使用至今，平均每天洗上六至七噸，非常好用。」此外，種植技術和品種改良等方面也有長足進步。趙主任說明：「推廣部負責向農民傳遞種植技術，育苗兩週以後，至苗高十五公分時才種下。種植的間距是 1.5 公尺，株距為一公尺，四、五月栽種，七月摘心，可以讓枝葉擴張，花才會開得多，洛神是取其花萼，收成更好。」

·

目前負責有機專區的黃福祥專員，娓娓道來品種的區別：「在七到八年前，洛神經過臺東農改場品種純化並正名。目前用於加工蜜餞的洛神是臺東選三號，果肉肥厚，口感有嚼勁，顏色深沉，若是烘乾容易變黑；適合烘乾處理的反而是臺東選一號，身型較大朵，顏色鮮麗。」找到了合適的品種，發揮其特性，就像是為了留住洛神豔紅的光芒，教人難忘。

· 趙正源主任領著我們進入貨
型冷凍庫，裡頭裝載了盛產的
神，穩健地供應食品加工所需
一打開包裝袋，芳香撲鼻而來
林寬宏／攝影 ·

· 洛神蜜餞反覆經過多次糖漬
浸泡，最後風乾，歷時近一週
完成果乾成品。林寬宏／攝影

貌似嬌豔的洛神，起初大量種植時並未遭遇太多困境。只是隨著近年來氣候變化諸多異常，農民也面臨了諸多挑戰。在有機專區負責大片洛神種植的黃福祥專員，近年一直為致命病蟲害感到擔憂：「以前洛神真的是隨便長隨便活，現在不是了。這致命的病蟲害就是萎凋病，好發於收成前，因高溫高濕，於木質化的根部開始腐爛。另一種是在夏秋之際發生的小綠葉蟬叮咬，分泌的胺基酸令洛神營養不良，綠葉捲曲黃化，怎樣也救不了，只能除掉。」

同樣是被小綠葉蟬叮咬的茶葉，卻促成了蜜香紅茶的偶然美味。對於洛神，難道只能望蟲興嘆嗎？黃福祥專員說：「生物防治方式如辣椒油、苦楝油驅趕的效果確實很有限。」此外，除了種植過程中的疫病風險，在收成時也會因為種植環境通風不良造成的高熱，而好發介殼蟲，藏匿於花萼內，由於不易清洗，農會只得拒收染上介殼蟲的洛神。

洛神蜜餞的華麗轉身

農會在積極向農民收購新鮮洛神的同時，也同步開展洛神加工事業。趙主任的發言難掩其責任感：「如果只做成乾花，我們收購價高，原料成本就比人家高，根本賣不出去。因為被庫存逼到了，要想辦法銷出去，於是改變作法，做出不同加工產品。」追溯洛神蜜餞的源起，趙主任表示當年臺東佳興食品廠最早開發出洛神蜜餞而為人熟知，農會於是起而效尤。

「我們力求減少防腐劑用量。一般來說濕的蜜餞都會放防腐劑，通常 25% 濕度以下放兩克，但我們只放 0.8 克，用量是規範量的三分之一以下。但三個月後就酒精發酵而膨包，沒有人買，所以要設法降低水活性 01。嘗試很多方法，簡直想到無步 02，後來顧及濕蜜餞很容易弄髒衣服，所以在最後階段烘乾，降低水活性，這樣既可長期保存，也不用再加防腐劑。」

多了最後一道烘乾的後製方式，讓成品有別於傳統洛神蜜餞，更類似水果乾，於是取名洛神果乾。趙主任說：「取名果乾，也可以給人比較高級的印象。」臺灣水果聞名世界，花東地區的觀光店舖裡販售新鮮水果與果乾，

農會的洛神果乾就令國際遊客眼睛為之一亮。

為了生存背水一戰

洛神在加工上的表現可謂多采多姿，農會食品加工廠歷來推出若干洛神加工製品，至今仍熱銷的品項諸如：果乾、果醬、脆片、軟糖、冰棒、酵素與茶包，現正委外開發果凍與泡芙。洛神果乾一直是加工廠的主力品項，近年更強力推廣至烘焙業，用做蛋糕，餅乾，麵包等餡料，知名喜餅業者伊莎貝爾就是很重要的客戶。至於烘乾後的洛神乾花，適宜沖茶。委請代工製作的洛神脆片，以真空低溫油炸，保留洛神鮮紅的顏色，還增加了鬆脆的口感，令代工廠主動將洛神脆片納入原本綜合蔬果脆片中，瑰麗的色澤畫龍點睛，順利外銷世界多國。

·

開發過程中也不乏黯然退場的品項，例如洛神牛軋糖，考量其所用洛神果乾含量並不多，銷量亦比不上市面常見堅果口味；亦曾研發洛神膠囊，延請學術單位作出實驗報告，所費不貲，最後則因為申請健字號費用高昂，顧及農會的行銷能力較弱，擔憂通路入不敷出，終究還是作罷。回顧廿年來研發的洛神加工產品，趙主任玩笑似地總結：「各種可行方式都會嘗試，不做這些嘗試就只能等死。」

洛神花的多姿多彩

「原物料庫存既是壓力也是動力」，趙主任正色說：「因為若遭遇颱風，沒有收成，就沒原物料做加工。所以倉儲很重要，只要做成加工品，就可以慢慢地銷售出去。」每當洛神產季，農會就會穩定地向農民進貨倉儲，按加工進度分批製作，如此源源不絕供應烘焙業合作廠商。面對洛神加工業務廿載，從當年的且戰且走，至今步履穩健，看在趙主任眼裡，挑戰並未結束。從沒沒無聞躍上加工亮點的洛神，它多采多姿的加工樣貌尚千萬變化有待開發。

·

訪談結束時，加工廠飄來陣陣薑味，不同於老薑的濃郁，而是一股清新的氣息，原來生產線上正在磨製薑黃粉。以服務農民為出發的農會，食品加

工廠亦為農民代工，以初級加工的烘乾、磨粉、包裝茶包等為主。臺東農
會轄區內多有農民種植薑黃、竹薑，皆可委請農會代工。

從過剩的百香果到洛神，乃至將次級品釋迦做成冰棒，農會加工廠為盛產
或過剩農產尋求加工出路，研發過程中無論是遭遇挫折的辛酸，或是推出
令消費者滿意產品的喜悅，在在呈現了臺灣物產豐饒的風景，與人類在農
作上發展出的無窮創意。

從產地到餐桌的洛神行旅

倘若禁不住太平洋的海風召喚，不妨在洛神產季，前往臺東產地，臺東境內以金峰鄉為最主要的洛神產區，鄉公所也會固定舉辦熱鬧的洛神花季活動。或有原住民部落招募換工，協助農園採摘、去籽，感受原住民家家戶戶幫農、交誼的氛圍，隨著返鄉的原住民青年體認部落文化。

摘採到的洛神花，可以在家製作簡易的洛神蜜餞：

1. 備妥去籽的洛神花，加入重量百分之五的鹽巴、百分之四十的糖，充分融合後，靜置一夜等待入味。

2. 翌日將糖液過濾出來加熱，放涼後再將洛神浸泡其中，入味後即可享用。

3. 除了當零嘴，洛神蜜餞也適合涼拌蔬果沙拉。

教戰守則

◆ 升級廠房設備，維持倉儲存貨，持續向農民進貨，形成穩定生產線。

◆ 發展關鍵技術以改善品質、從事有機耕作與土地共好，多方建立差異，為產品升級。

◆ 不只從命名提高農產價值，與下游廠商烘焙業者合作，開拓洛神果乾食用的潛力市場。

014 | 忙是為了理想也不讓別人失望 ── 山上區農會

林寬宏

循著鳳梨糕餅的烘焙香，走進隱身於農會供銷部的合格加工廚房。一進門，映入眼簾的是堆疊像小山的鳳梨酥，等待包裝出貨。

．

鐵皮屋頂的加工廠充斥著轟隆隆的烤箱運轉聲，但帶著口罩、防塵帽的家政班田媽媽們沒有半句怨言，臉上依舊掛著微笑。在閒話家常中，井然有序地將一顆顆的鳳梨內餡包入餡皮，放入烤模，送入烤箱。

．

一人身兼供銷部會計、田媽媽烘焙坊及農民代烘果乾聯繫等多項事務的田玉君，在辦公室一隅與田媽媽們核對水果酥的數量，預計要在四月中，山上在地工廠自辦的馬拉松提供一千多盒的水果酥。但田玉君笑著說，這幾個都是老經驗了，原料準備好，他們來就可以開工了。

．

山上農會除了自家的鳳梨酥名聞遐邇，其餘芒果乾、冬瓜露也都各有死忠粉絲。細數山上農會今日蓬勃的加工發展，一切還是得從山仔頂的愛文芒果開始說起……

盲！芒！忙！茫得已經失去了方向

臺南市山上區舊名「山仔頂」，境內為丘陵地形，區民多以務農為主，芒果、鳳梨、冬瓜、木瓜是大宗作物。山上區農會總幹事許弘霖提到，農民靠天吃飯，每年鮮果收成狀況易受氣候影響，收入並不穩定。

．

農會員工在芒果產季時，得輪流至加工廠協助芒果乾烘製。林宏／攝影·

而當時全區的種植面積高達 120 公頃的芒果，是農民的經濟命脈。芒果一年一種，收成期間又壓縮在短短一個月內，不耐久存的特性，加上沒有良好的分級管理，大量熟果湧入市場，使得整體芒果批發價格崩盤。

·

賣相好的一、二級果，勉強能以鮮果賣出好價錢，但外觀有瑕疵的三、四級果，常常陷入低價與滯銷的惡性循環，賣不出去的芒果只好帶回家吃，吃不完就只好忍心丟棄。

·

年復一年的芒果滯銷消息傳開後，農委會與未升格前的臺南縣政府都十分憂心，希望透過推動「發展農村小型食品加工輔導」方案，嘗試開發具在地特色的芒果加工產品，於是找上了山上區農會協助計畫執行。

以「山仔頂」為號召！

推廣部主任張益瑞回憶，1980、90 年代，民眾習慣食用新鮮芒果，除了熟悉的情人果外，尚無芒果乾商業量產的案例。當時負責輔導加工業務的新竹食品工業發展研究所的研究員林欣榜，花了一番苦心，才終於實驗出口感佳、賣相好的果乾。

·

之後，農會員工、產銷班農友跟著林欣榜的腳步，開始設計合格的加工場域，並添購冷藏、烘乾設備，一步步向林欣榜學習芒果乾的加工技術。產季時大量向在地農民收購次級果，製作自有品牌的的芒果乾。成品更以「山仔頂」為品牌號召，一年四季都能吃到芒果好滋味，頗受顧客好評。

·

當然並非所有品種的芒果都適合用來製作芒果乾。考量到不同芒果的風味與纖維等差異，愛文芒果最適合做果乾。山上農會指導員田安妮指出，愛文芒果本身較甜、香氣又濃，烘成果乾口感較軟嫩，加上籽扁平、肉多，所以比起其他品種芒果製成的果乾，更受到消費者的喜愛，是山上農會的主力商品。

嗡嗡嗡！烘烘烘！從農會自由品牌到農戶果乾代烘

自有品牌的果乾問世後，不少農友看見果乾加工的潛力，尋求多元通路，紛紛向農會詢問製作方法。但加工設備、場地維護所費不貲，並非一般農民可以負擔。當時山上農會秉持著「協助政府、農民解決產銷問題」的成立宗旨，決定扮演協助農民加工的角色，每年除了在產季烘製農會自有品牌的芒果乾外，也另開產線，提供芒果代烘服務。

·

然而，製作芒果乾工序繁瑣，削皮、切塊等前置作業，不可能全由農會完成。為了減低作業流程的複雜度，農會設立了規範，請尋求代烘的農民配合，需在家裡削皮、切片，再送至農會加工。負責與農民接洽的田玉君也提到，七月是芒果乾代烘的旺季，八點交貨時間一到，供銷部便大排長龍。芒果從烘乾、冷卻到可以帶回家，至少需要兩天的作業時間。農會因此建立登記制度，讓農民分流，每天開放隔天的代烘名額，額滿就不再受理。許弘霖也提到，農會也會斟酌芒果產量，適度調節產線，將農會自有品牌的量能轉移至代烘服務，全力協助農友。

·

有了農會、農民成功合作的芒果加工經驗後，山上農會也開始思考將芒果代工的經驗複製到其他農產品的可能性。近十年以來，因為芒果耗費的人力成本太高，加上鳳梨價格不錯，農民紛紛搶種，栽種面積攀升至四百公頃。但隨著外銷市場走軟，也面臨供需失調的窘況。

·

為減少農民損失，農會也開始在鳳梨產季時，提供每週兩次的鳳梨代烘服務。張益瑞也表示，目前農會加工廠烘乾設備的使用的旺季是三月至九月，除了大宗的芒果與鳳梨業務外，山上農會為服務更多農民，也開始嘗試協助農民烘龍眼乾，提高烘乾設備的利用率。並尋求民間業者合作，幫忙烘地瓜。

人人都是「田媽媽」

山上農會除了投入果乾的製作外，也積極利用在地物產開發多角化業務。張益瑞就提到，臺灣農村面臨高齡化與少子化困境，在人口外移的嚴重情

農民將削好的芒果標上姓名，
至農會加工廠，等待製成芒果
。林寬宏／攝影。

芒果乾烘製完畢後，冷卻靜置
再裝袋處理，之後農會依照姓
排列，方便農民領取。林寬宏
攝影。

況下，農業大環境日趨嚴峻，若農會不試圖規劃業務轉型，很可能會被時
代淘汰。

·

2000 年代初期，正好政府力推鄉村旅遊，希望各鄉鎮能整合區內休閒農業
的特色資源，山上農會便開始計畫透過發展地方料理的副業來繁榮地方。
2001 年起透過家政班資源組織婦女，試圖研發山上在地伴手禮，藉此提高
山上的知名度。

·

起初因為設備簡陋，成果有限。直到 2004 年承接農委會「農村婦女副業經
營班 03」計畫，成立田媽媽烘焙坊，並添購專業烤箱、攪拌機、烤盤、模型、
工作桌等。考量在地農產與國人喜好後，便決定開發一款屬於山上區的鳳
梨酥，並聘請食品專家與家政班員、農會員工經過長時間的研究以及調配，
從原料選取到餡料、餅皮等製作流程都十分講究，果然一推出就大獲好評。
每年到中秋糕餅需求的旺季，單靠預購與超市零售，銷量就能達到 15,000
盒。

·

因為鳳梨酥的熱銷，山上農會也陸續利用當地特產開發出芒果、桑椹、柚

子口味的水果酥，以及標榜不加冬瓜餡，純用金鑽鳳梨為餡料的土鳳梨酥。此外，家政班田媽媽利用冬瓜熬成的濃縮冬瓜露，也頗受消費者歡迎。

田安妃表示，「田媽媽」的業務推廣在山上區特別有親切感，因為田姓在山上是大姓，可說人人都是「田」媽媽！不但家政班拓展受到在地民眾的關注，更讓許多家政班員將加工業務更視如己出，一致認為：「就當賺買菜錢啦！反正在家也閒閒！」

目前農會除了水果酥業務需仰賴家政班的田媽媽們協助外，每到芒果乾生產旺季時，為了不延誤排程，供銷部門得全員投入。農會三十多名員工也得輪班支援，更得額外請田媽媽們來協助，無形中造就了很多在地的就業機會。田玉君也笑說，雖然每次產季時，大家都忙到沒時間去上洗手間，但看到為數不少的獎勵金時，總還是樂在其中。

讓農民驕傲的山上區農會

隨著貿易自由化、農村人口外流等社會成因的衝擊，連帶也讓農會經營極具挑戰。許弘霖苦笑地說，每個農會都是獨立個體，需自負盈虧。在信用部低利率的年代，鄉村型農會又不若都市型農會，可靠租金等業外收入維持各部門的運作。因此山上區農會希望透過多角化經營，在既有的產業結構上，創造新的可能，有效地提升農民的基本收入，提升務農的光榮感。

農會身為農民日常大小事的諮詢與合作夥伴，肩負了協助農民共同運銷的關鍵角色。山上區農會目前已經輔導成立了社區家政班及十一個產銷班，而因地形以丘陵為主，所以成立的產銷班也以果類最多，也有盆栽花卉專班。成立產銷班的原因，主要是希望能建立完善的分級制度，才會不造成良莠不齊的現象發生。農會地下室還設置了生鮮超市，供應新鮮農產品，讓農民多一個管道來推廣在地的農特產。

若未來農會能兼顧地域加工的整合角色，對於整體加工產業的提升必然有很大的助益。從山上農會的案例來看，以農會加工廠為中心的加工產業網

絡，串連了生產、加工、銷售環節，不僅額外創造了地方就業機會，還能即時回應產量過剩的問題。透過代工服務，也讓農友能夠克服資本、技術門檻，更多人得以藉此投入農產加工行列，減低農產盛產或賤價的影響。

·

張益瑞也提到，目前加工廠尚有許多環節需克服。若以目前的烘乾機規模，就算七台烘乾機產能全開，全天候運作，還是經常大塞車。自家削的芒果，大小、厚薄、熟度都不太一致，後端作業也會遇到不少困擾，種種環節還都需要和農民持續溝通。

·

走過三十年，因為種種因素，芒果已不再是當地最重要的作物。現今農會自有的芒果乾，也轉向與具備產銷履歷、藥檢殘留合格的南化農會外銷產銷班合作，確保果乾的貨源不中斷。儘管如此，山上農會還是沒忘記與農民站在一起的初衷，打破農會只賣農藥、肥料的既定印象，善用在地物產，帶動地方特色產業，創造地方共好的循環經濟，盼能站穩腳跟，邁向下一個三十年。

品項	代烘價格（以烘乾成品計價）	服務月份
鳳梨	65 元／台斤	3~5 月
芒果	80 元／台斤	6~8 月
龍眼	40 元／台斤	8~9 月

從產地到餐桌的洛神行旅

為了推廣山上區的休閒農業旅遊，山上區農會也整合了在地產業、教育、餐飲、農村景觀、特色住宿等業者資源，開發整合型休閒農業特色遊程商品，並辦理主題活動，行銷遊程商品，是未來發展區域特色農業旅遊，打造農遊元素的創新作為。

透過半天或一天的遊程，深度體驗山上在地的特殊活力，其中更以家政班田媽媽水果酥烘焙坊最受歡迎，結合在地產業與食農教育的手作特色，讓民眾清楚瞭解產地到餐桌的過程，並透過 DIY 實作，加深消費者的感官印象，更能有效傳達吃在地、食當令的理念。

山上農會也積極開發 DIY 的手作課程，除了有利用在地芒果、木瓜製作的熱壓土司、鬆餅課程外，也可以與田媽媽們一起製作天然果醬、水果酥，成品還能當成伴手禮帶回家。

教戰守則

◆ 提高加工設備的使用率，一年四季都有果物可烘，就可共同撐起一家在地農產加工廠。

◆ 結合地方農會家政班婦女資源，創造鄉村婦女的就業或創業機會。

015 | 注入原民心血與客家交織的美味 —— 南庄鄉農會

謝綾均

上午十點，南庄農會供銷部展售中心前已經排了好長一列隊伍。各式小貨車、麵包車、私家車的車上莫不以竹簍、大帆布袋、塑膠箱等各式集裝工具裝載滿滿的貨品，清一色都是桂竹筍。這是每年四月中旬到五月底前的例行畫面。前來繳納竹筍的都是鄰近社區、部落的農民，他們尚未脫下三更半夜就起床與竹林搏鬥的疲累，又換上了因累累收穫而充滿成就感的笑容。

·

南庄農會是臺灣目前唯一協助農民收購桂竹筍的農會，其所設立的竹筍加工廠，也是目前南庄地區僅存的一間。走入加工廠，筍香立即竄入鼻腔，頓時讓人飢腸轆轆。放眼所及盡是分工清楚、手腳俐落的工作人員。有人下貨，有人過磅，後方工作區還有整理、殺菁、裝桶、殺菌、包裝等不同的工序同步進行著，每一輪的工作大約都要四小時才能完成。

產地行旅竟帶動桂竹筍熱潮

桂竹是臺灣特有竹類，多生長在臺灣中北部海拔 150 至 1,500 公尺的山區。新竹、苗栗、南投一代都盛行過以竹為主的加工產業，南庄即是其一。桂竹抗彎的強度大，桿肉適中且劈剖容易，是早期農業社會用來製作農漁用品如米籃、畚箕、魚簍，甚至家具、建材的重要材料，同時並衍生出工藝品產業，用途相當廣泛。品質良好的竹子甚至飄洋過海，深受日本人的喜愛。然而隨著時代與材質的使用習慣變化，竹器漸漸被塑膠或其他製品取代。過往靠砍竹維生的農戶也漸漸失去收益，竹子的經濟價值也漸漸從竹

僅收兩節半的竹筍，保持竹筍
唯的口感在最佳狀態，是南庄
會對於桂竹筍品質的堅持。林
宏／攝影・

· 上午十時起，一台又一台的
車滿載著桂竹筍湧入南庄農會
是筍農們天未亮即出門的辛勞
果。林寬宏／攝影 ·

· 農會廣場上揮汗如雨，分工
有默契又手勢俐落的工作人員
均是由農會職員排班擔綱。林
宏／攝影 ·

子轉到竹筍。

．

南庄的桂竹筍主要產於鹿場、鹿湖、鹿山一帶山林。這些地區因海拔較高，出產的竹筍香甜脆口，許多鄰近部落的原住民與客家人都是挖竹筍的高手。加上擅長竹筍料理的客家文化，每年都吸引不少老饕前來品嚐。儘管如此，竹筍價格卻一度讓盤商下殺到一斤六至八元，重創在地農友的收益。直到1985 年，一次農委會協助辦理的桂竹筍之旅，意外帶動桂竹筍的熱潮，也促動農會辦理加工業務的契機。經過食品研究所的技轉與教學討論後，1997 年，南庄農會在農委會的補助下，設立了竹筍加工廠，開始以保證價格向農民收購桂竹筍。

竹筍加工廠裡的農會員工

走進竹筍加工廠一問，在這充滿高溫的工作環境裡，工作人員竟都是來自信用部、供銷部、推廣部等各部門的農會員工。他們不分職等分成三組，每到桂竹筍盛產的季節，不管是管理階級或一般職員均加入排班，親自上場包辦所有工序。長年的經驗，讓他們彼此培養出深厚的默契與流暢的效率。

．

「每年四、五月我們就是這樣子，大家都很習慣也很幫忙。農會的出發點是協助農民去穩定筍子的價格，讓他們安心供筍，由我們進行加工，人力的支出算我們自己的。一來沒有足夠經費可以請專門人員來負責，加上產季短，每年也就忙這幾個月，再請人也不符合經濟效益，所以就由同仁們合力協助。桂竹筍加工廠長溫維生停下手邊的工作向我們解說農會的運作，跟進各環節工作之餘，他也忙著開堆高機整理同仁裝箱完畢的桶筍。

．

一旁製作中的同仁不乏有著二十年經驗的老手，對於農會投入桂竹筍加工的歷程如數家珍。任職南庄農會的賴奕書，一邊熟練的處理殺菌手續，一邊介紹工廠設施。在食研所技轉以來的二十年間，農會因應大眾的食用習慣，也做過不少工法上的調整，漸漸成形為今日的模樣。特別是蒸汽殺菁的設備，相較傳統水煮的方式，保留了更多竹筍的甜份，不僅獲得消費者

行政院農業委員會

的認同，也吸引各地相關單位前來取經。

跟時間賽跑的山珍好味

「把一袋竹筍放在旁邊，每個小時過去觀察，你就知道它會一直變化。」推廣部的廖勝榮主任強調，竹筍加工是個跟時間賽跑的工作。因為生長速度快，採收後在極短的時間內就會因為纖維化、發酸、變苦等等原因而無法食用。當筍農載著滿車的竹筍來到現場，他們一分鐘都無法耽擱，每個人都得雙手齊上，馬不停蹄地勞動著。因應桂竹筍的特性，農會制定了獎勵辦法，以一斤十六元為計費基礎，十點前送達的，每斤加二元；十點至十二點送達者，每斤加一元；十二點至二點則恢復原價。為了保證加工品質，農會只收不滿兩節半的竹筍，約莫是膝蓋左右的高度，過長過老的部分都須去除。

　．

來到農會的竹筍第一時間便會進行驗收與修整，以便以最快的速度送進蒸氣設備，以攝氏 95 度以上的高溫進行四十分鐘的殺菁動作。而後依照出貨次序裝袋或裝桶，同時充填調配過檸檬酸液的沸水，最後再分別進行一個小時與兩小時的高溫殺菌才封蓋冷卻。過程中不含其他添加物，袋裝可存放一年，桶裝則可存放一年半。如此透過蒸氣保持住桂竹筍甜味的優良品質獲得各地消費者的好評，光是桶筍，目前一年大約就可生產五千多桶。南庄的在地餐廳以外，許多外縣市的餐廳像是知名的大楊梅鵝莊、斗六的阿國獅魷魚羹，都是長期與農會配合購買的老客戶。

原民部落裡的極限挑戰

目前農會的保證價格為十三元，平均價格大約在一斤十六至十八元左右。儘管採竹筍是個非常辛苦的勞力工作，但以小家庭夫妻兩人來說，若認真採收，在短暫的採收季節裡，當月的收入上看三十萬不是沒有可能。不過，每年竹筍的產量會因著氣候的變化有所差異，一般而言，若該年冬眠時間如期轉冷，該下雨的二、三月有雨水，產量自然大增。不過氣候異常的現今，暖冬有之、乾旱有之，產量也就無法盡如人願。

　．

廖勝榮表示，竹筍是一種天生天養的作物。平日除了疏伐過老的植株，人工照顧不如老天照顧。但是，採竹筍的時節，就經常面臨許多天災的考驗。一位來自鹿山部落的泰雅族農友細數一早的戰績，三個人從天亮開始採，大約四個小時能採十二袋，每袋約四十至五十斤。然而去年鹿谷、鹿山一帶大崩山，路況嚴峻，儘管農友們很早就踏入筍田，重度體力勞動也不是問題，但運輸筍子的交通時間成本與風險發生的危機處理，相較鹿場一代的農友著實增加不少壓力。一位十三歲男童今年也跟著上山採筍，羞澀的說自己一早採了一袋，旁邊的奶奶則興高采烈地不停向其他前來交筍的農友誇耀，孫子說自己的學費自己賺！

·

砍筍是數小時不停彎腰的工作，前來交筍的農友各個喊累，卻還是習慣了這一年一度的盛會。與農會搭配採筍的農友大約一百多人，不過每年投入採筍的人數不一，目前有越來越少的趨勢。常態來說，每年大約會有五、六十人投入採筍。三月由農會召開竹筍會議，討論該年度的採收狀況，產量按該年度預測的氣候估算，大約十八到三十五萬斤不等。

客家菜餚天然回甘

竹筍的季節過後，農會緊接著要投入的便是曬福菜與梅干菜的工作。酸菜加工是南庄農會另一項重要產品。「酸菜曝曬到七成乾叫福菜，福菜再繼續曬到十成乾就成了梅干菜。我們透過契作找農民種芥菜，等於芥菜的一生都由我們包辦了。廖勝榮打趣的解釋了酸菜的三個型態，而這三個型態在傳統的客家菜餚裡，都是搭配竹筍的好搭檔，例如客家炊筍、福菜鮮筍湯、梅乾菜滷桂竹筍等等。

·

南庄農會的酸菜加工業務，探索始於 2011 年。一開始的想法是讓農民增加收益，一個幫自己賺年終獎金的概念。南庄傳統農家只要自己有田地，幾乎每家每戶都會種芥菜。大多是種來自己吃，漸漸形塑出客家美食的特色之一，故而引發了大量生產的念頭，讓更多人可以品味到這個在地料理。

·

農會主動出擊找農民契作，主打純自然發酵，無添加物。因為風評極佳，

契作規模不斷擴大。現在主要契作的農民有四位，他們與農會簽署契約與生產經營表，並由農會規範品種、統一育苗，並傳授栽培管理知識。一共分成四批，計畫性地從九月種到十一月，總數大約 35,000 棵。一位與農會合作的青農小大，去年便包辦了五分多的地，多了近二十萬元的收益。目前主要栽種的品種是半包心芥菜，也就是俗稱的肉芥。廖勝榮強調，傳統客家芥菜與梅干菜會用高腳芥菜，但纖維比較粗，所以酸菜一定要吃厚肉，口感會比較軟。

「遊客來到南庄一定會品嘗到我們的酸菜或竹筍。他回去吃了覺得好吃、想念，就會再打電話來購買。久而久之，我們的知名度就打開了。」廖勝榮極有自信地稱讚自家的酸菜「又酸又甘」，幾乎每個人都會成為回頭客。南庄農會以地食材為特色，把產品的品質顧好，為客家美食做了最好的宣傳。

山水節與桂竹筍麵

南庄位於苗栗縣東北部山區，具有賽夏、泰雅、客家等多元族群文化融合的人文氣息。滿山遍野的翠綠孕育著桐花、螢火蟲與蓬萊溪自然生態園區，近年則有繽紛的繡球花海增添小鎮魅力。

秋季是南庄豐收的季節，著名的山水節隨著甜柿、高冷蔬菜、段木香菇、黑木耳等農產陸續上市而推出，舉辦至今已持續逾二十年。莫約六、七年前，山水節結合路跑活動，邀請人們用腳步體驗南庄。經過山間，沿途聆聽潺潺的溪水，欣賞浪漫的繁花，在山中向土地與農夫致敬。農會生產的桂竹筍與酸菜等特產，是活動中最搶手的贈品。

儘管鮮筍季節已過，但美味卻不曾中斷。由農會研發推出的「桂竹筍麵」，在麵條中融入桂竹筍纖維，使之散發淡淡筍香，創造出獨特的麵條口感。只要簡單搭配時令蔬菜或酸菜，淋上在地製作的茶籽油，就是一道爽口又令人難忘的美味料理！

教戰守則

◆農會設立初級加工廠並保價收購，解決農作物保鮮和穩定市場行情。

◆地方農特產加工食材相互搭配，與地方或外部知名餐廳合作，創造穩定且有效的小眾通路。

016 | 從配角演到主角都一樣「蔥滿勝蒜」── 三星地區農會

陳怡如

春分過後的早晨雨過天青，進入宜蘭縣三星鄉連綿阡陌，蔥田一片蓊鬱蒼翠。偶有貨車佇立在蔥田前，田間的農人忙著搬運剛採收下來的青蔥。滿載青蔥的貨車，隨後來到田邊溝渠旁以帆布帳篷搭起的洗蔥寮。水量豐沛的蘭陽溪流貫三星鄉，滾滾沙土致使河水呈現濁黃色澤，又被暱稱為「宜蘭濁水溪」。以潺潺流水聲為背景，農人剝去蔥膜，汰去舊葉，清洗整理結束，一束束青蔥頓時蔥白肥美纖長，蔥綠生機盎然。

三星蔥形象如今已經深植人心，觀光客哪怕大排長龍，總不忘在路邊攤一嚐蔥油餅的滋味。這個「估計每年有兩億元產值」的蔥油餅攤販生意，乃是偶然來自三星農會活動上的趣味動機。休閒旅遊部林張發主任笑談軼事：「三星街上本來沒有在賣蔥油餅，2007 年我們的蔥蒜節辦桌活動上，請師傅做出三公尺的大型蔥油餅分給現場民眾吃。從那時起，街上就開始出現蔥油餅生意。」

回首青蔥歲月

青蔥加工的冷凍產品是三星農會至今做得最成功的伴手禮，已經遠近馳名。段蓬福專員回顧休閒旅遊部門在 2007 年成立，是為了紓緩農民在銷售農產上的困境。著力於產品企劃，幫助農會營運績效，帶動農會的經濟事業。時值政府推動休閒農業轉型，鼓勵全國農會推出伴手禮。「八成以上都是以米作為伴手禮，我們就想說要有新意，但有些東西我們想做也做不出來。」段專員與林主任哥倆好直言不諱，團隊在成立之初很慌亂，天馬行

蔥田裡高高的土壟鋪上整齊的稈，得以減少雜草叢生，亦能暖。春天栽種稱為小綠的品種，感脆又嫩。林寬宏／攝影。

空發想產品，購置不少機器，如今卻罕用。

‧

「顧及成本、利潤，報廢比收益得多，這個產品就不可能繼續。隨著產品不符需求，有些機器就不再使用，同樣要提列折舊。從投資、產能到成本計算等，這些步驟都跟運作一間公司很相像。每個月月報開出，會與去年同期比較，如果這個月業績不好，接下來的月份就要更努力，我們也都會設定每個產品的銷售目標。」林主任細說奮鬥過程中遭遇的現實挑戰。

‧

每年設定在青蔥加工方面推出兩項新產品，推出前必須經過實作，很多發想在打樣階段就被淘汰。唯有通過市場銷售的歷練，才可以真正決定產品的去留。「起步雖然艱難，但現在我們經驗值成熟了。」段專員欣慰地說道：「現在我們已經做出成果，開始有廠商毛遂自薦。我們挑選有規模，符合食品安全法規如 HACCP，或 ISO 22000 的廠商來委託代工，建立口碑和品牌。」

洗出一片鬱鬱蔥蔥

農友在早晨將青蔥一箱箱運載至物流中心的一樓倉儲，每一束綁縛好的青蔥，蔥綠入眼，蔥白肥美。今日來交貨的農友吳志忠告訴我們，青蔥採收下來之後，經過一整天的人力清洗汰選，秤重整理與綁縛之後，在翌日清早交貨給農會，他在產季每天交貨兩百公斤。聽來稀鬆平常的交貨流程，就在我們走訪產地後，更明白這項產業所需繁複的人力作業。

‧

來到洗蔥寮，年紀介乎壯年與老年之間的蔥農正埋首忙碌。當中一位年輕面龐，是蔥農張正信的女兒。母女倆徒手剝去蔥膜，整理蔥葉，而在另一處的張正信則是將業已清洗乾淨的青蔥秤重，並綁縛成束。他利用小學課桌椅改良成便利的膠台，提高綁縛成束的效率。這項產業在產季高峰期，往往得全家動員。洗蔥價格每公斤十元，每天動輒上百公斤，有錢都不容易請到人。

‧

「種蔥從頭到尾都需人力投入。種植前將一束蔥分出蔥種，一支支種下，

溝旁搭建的洗蔥寮裡，農友
徒手剝去蔥膜、分成單株，
洗去塵土，煥然一新後將之綁
成束。林寬宏／攝影。

後續還需人工除草，施肥施藥。最辛苦莫過於拔蔥，因為宜蘭種蔥種得深，不似南部蔥手拔輕而易舉。整個過程最為棘手的問題就是洗蔥。」段專員娓娓道來。

.

「請廠商來看，都說機器問題可以改善，卻也都沒下文。」以機器紓緩人力問題，不是沒想過，只是事與願違。曾經引進南部洗芹菜的機器，然而青蔥較芹菜長，質地也較軟，機器沖洗的效果不佳。想嘗試將青蔥分支來清洗，又考量綁成束時不夠美觀，賣相不好。借助他山之石，參考農機具發展相對進步的日本，其洗蔥機器不合用的原因，在於日本大蔥單株且質地硬，而三星蔥捆成一束，難於機器中滾動刷洗。加上三星蔥就是要人工清洗時剝去蔥膜，整理蔥葉，才會漂亮。

攜手合作「蔥滿勝蒜」

「儘管種蔥很需要人力，它也因為這樣而可愛。」段專員話說這項產業的甘苦，在農會與農民共同運銷的過程中，往往因為農產品的市場拍賣價格浮動大。正所謂「菜金菜土」，每當市場價格高，農民求取高價售出，便不再交貨給農會，反觀市場價格低時，農民又回流。站在農會立場，終究

· 在出貨前，物流部員工將新
青蔥的根部修剪整齊更顯美觀
林寬宏／攝影 ·

要摸索出與蔥農之間更適切的契作方式。

·

「農會提供的收購價格較市場好，因為我們不能跟生意人一樣，要多一點使命感，農會能收就儘量收，不要讓農民還要送去臺北第一市場拍賣。近年來農民會自己調節交貨量，是交給農會，還是去市場拍賣，或交菜商，或交餐飲業。」農會相應的做法也很靈活：「跟蔥農進價是用收購平均價來做加減，進貨標準有 SOP，例如蔥白十五公分以上是一級，價格加成是固定的，加三塊，加五塊，加十塊，每週一次農會與農民之間雙方議價。」

·

由於契作沒有強制約束力，主要奠基在和蔥農之間建立的情誼與默契，而農民的穩定度與配合度，是農會率先考量合作的條件。目前三星農會造冊的蔥農近五百戶，農會優先向可以一年種植三期的蔥農進貨。也因為年輕人願意接受減藥觀念，更樂於與年輕農民契作。

·

農會推廣部長年向農民進行育種教學，生物防治教學，並予以種植要求，例如春天種植「黑葉」、「小綠」等不易開花的品種，口感較鮮嫩。冬天雨水多，則種植容易開花的品種，因其蔥葉偏長偏厚，耐得住雨水。如今蔥農多能自己留種、育種，經過選種就比較不易有病蟲害，得以維持品質水準。青蔥的質量愈加穩定後，終於打造出名為「蔥滿勝蒜」的頂級食材。

爆香配角躍升為食材主角

質地鮮嫩，水分多的三星蔥特色，反而得更經得起市場考驗。「從青蔥採收下來，經過清洗、整理、包裝、運送到拍賣市場，已經過了四天，蔥葉有趨於枯黃的可能，在輸送過程中更會失重。」為此需要設法解決青蔥採收下來的保鮮問題。如今，三星農會自荷蘭引進保鮮機：「荷蘭的農產出口排名世界第二，可見它們在農產採收的後續處理有過人之處。這種保鮮機是荷蘭用於鬱金香採收後的保鮮處理，原本臺中文心蘭產銷班有意購置，我們也躍躍欲試，但要價 3,200 萬，我們聽了膽戰心驚，一開始不敢承擔這麼大的風險，2018 年才大膽向農委會提出申請。」

·

林主任進一步說明：「由於農作物在採收下來後仍然在呼吸，就會持續老化。這臺保鮮機藉由平衡呼吸作用中的氧氣和二氧化碳，使作物暫緩老化。經過測試，保鮮機包裝之後，在完整的冷藏鏈當中，三週內水分僅失重百分之二！」如今這台機器成了頂級品質的最大利器。「青蔥採收下來原本四天的黃金保鮮期，可以延長到十四天，賣場更願意向我們進貨。」

製作乾燥青蔥，供應其他加工業者作為原物料，這項業務如今更有長足的進步：「最早我們將青蔥送去南投代工，以熱風乾燥，效率好，一次可以處理好幾噸，但是乾燥青蔥成品儲放至第二個月後就黃化。現在我們自己運用低溫乾燥，不僅不會有熱風乾燥出現的焦味，兼顧青蔥的風味，也保留翠綠色澤。由於三星蔥的水分多，每百公斤生鮮青蔥僅可得六公斤乾燥青蔥，不似南部蔥還可得十公斤。」從生鮮青蔥就追求高品質，又講求乾燥加工後的質感，乾燥蔥段與蔥粉等聲名在烘焙加工業者之間不脛而走，無怪乎每公斤可以賣到上千塊，即使遠高於市面行情仍炙手可熱。

三星上將蔥，轉變了人們對青蔥的既定印象 —— 從爆香的配角，到頂級的主角，令人不敢小覷。在三星農會，我們感受到農會團隊朝氣蓬勃，也看見了地域經濟的活力如青蔥般欣欣向榮。

人情澆灌土地、土地滋養熱情

林張發主任與他口中的「段兄」，農特產物流中心的段蓬福專員，再加上目前主責加工業務的林黎紅專員，這天早上三人難得在受訪的空檔聊起同事的經過。

林黎紅專員對談片刻後，旋即走入位於物流中心三樓的食品加工廠內，忙碌於研發青蔥披薩。同時在行政與實作的職務之間忙碌地切換角色。她難掩焦慮地告訴我們，由於過年前一至兩個月是加工廠忙碌備貨的期間，原訂年底推出的青蔥披薩進度便落後了。如今加快腳步研發這項產品，卻面臨委請代工的麵皮並不合用，她求好心切想著辦法解決。

· 食品加工廠的職員，專注地對眼前的青蔥麵皮，嫻熟地工著，暢銷的冷凍食品就來自她的雙手。林寬宏／攝影。

· 以舊倉庫改造成三星青蔥文館，內部集結了在地青蔥歷史土的展覽，青蔥加工食品販售以及三星在地生鮮農產販售。寬宏／攝影。

少了電話聲與人聲的熱絡，食品加工廠內顯得靜悄悄，然而職員在此的忙碌程度並不亞於辦公室同仁。朱秋雲與游美惠兩位員工雙手嫻熟地包著水餃，青綠色的水餃皮是添加三星農會蔥粉，委外代工製成的。只見她們眼前各擺著一碗公蔥肉餡，三兩下就捏出一顆餃子，擺入塑膠分隔盤內，後續包裝完成，就是上架販售的冷凍產品。

·

從年輕到壯年，三人同事數十年，與三星農會團隊胼手胝足，在研發青蔥加工這條路上披荊斬棘。林主任不禁開玩笑說，經歷開發加工食品多年的歷練，倘若退休，三人絕對有實力合開一間公司。工作上的甘苦全融化在他們笑聲朗朗之中。

·

雨過天青的這條加工路，回首過往，段專員坦露他在這份工作中的心情：「要清楚現實與理想不一樣！它不是成功就是失敗，重點是不要後悔，重點是初衷，我們不是為牟取某種利益去做，而是熱忱。」充滿熱血的一席談話，其來有自，就在我們跟著林主任、段專員走訪青蔥的產地後，從他們與農友之間懇切的互動，得以明白土地與人情滋養了他們心中的熱忱。

三星鄉產地行旅

來到三星鄉的天送埤，一覽蘭陽溪水源頭的山明水秀，豐沛的水資源給予農田充分的養分。青蔥、白蒜、水梨與銀柳，皆屬三星鄉重要農產。每年十二月由三星農會主辦的「青蔥銀柳節」，能讓遊客得以體驗洗蔥、束蔥等田間活動。

喜愛料理的你，必不能錯過位在老街附近的「三星青蔥文化館」，盡情品嘗三星蔥的有滋有味。在這裏青蔥加工製成的調味料應有盡有，更能買到品項美麗與包裝精緻的生鮮青蔥。各式青蔥提味的零嘴以及銷售旺盛的冷凍食品，都是最佳的到此一遊伴手禮。

教戰守則

◆ 導入科技設備提升農作品質，掌握初級農作保鮮核心。

◆ 持續設定年度加工新品目標，開發貼近市場需求產品。

蒜節是展現三星農業文化豐
的一場嘉年華，現今已改名青
蔥柳節，在每年最後一個月份
場。三星農會／提供。

017 | **連結每一位相遇的 YOU**
　　　 | **—— 遊佐町邁向「FEC 自給圈」之路**

張雅雲

2019 年四月十四日，初春時節的山形縣遊佐町飛來一隻嬌客朱鷺。朱鷺出現遊佐町，不僅上了山形地方新聞，連 NHK 也報導，農民更在臉書上打趣說：「距離 2009 年首次朱鷺飛來，都十年過去了。朱鷺你就乾脆住下來吧！」

·

朱鷺需要生長在潔淨的里山農耕環境，融合水田、昆蟲、青蛙、泥鰍等魚類可活動的生物多樣性場域，這些正是遊佐町致力發展環境保全型農業的成果。在「令和」年號到來之際，朱鷺的蒞臨無疑是捎來喜訊，彷彿也認證了遊佐町的農耕好環境。

與消費者攜手守護糧食基地

如果把山形縣視為一個側臉，座落於山形縣最北端的遊佐町就是額頭。面積 208.39 平方公里，人口 13,853 人。遊佐町東有鳥海山、西臨日本海，由東往西地形漸次為山區，平原，沙丘，鳥海山系的大小河川流經貫穿，最後注入日本海，是生態變化豐富多樣的町。

·

遊佐町透過近半世紀與消費組織生活俱樂部生協 04 持續合作，不僅開創全日本第一個「產地指定方式」的稻米產銷模式，更成立農民參與的「遊佐町共同開發米部會」，展開各式的稻米實驗計畫。

·

目前當地農家有 1,200 多戶，其中有四百多戶組成的「共同開發米部會」

· 好水才有好米，遊佐町居民
致力保護地方水源的潔淨。張
雲／攝影 ·

· 山形縣遊佐町農民至今仍維持
自家育苗。張雅雲／攝影 ·

是生活俱樂部的生產者。生活俱樂部的稻米為共同購買，從最初的 3000
俵，目前已來到十萬俵 05。此外，配合生活俱樂部生協的糧食自給率提升
計畫，遊佐町也成為日本國產飼料米計畫最先實驗地。隨著計畫和栽種面
積擴展，全日本飼料用米耕作總面積，從最初 2004 年的遊佐町七公頃，到
2008 年時全國總面積已達 9.2 萬公頃。

目前遊佐町的水稻田、蔬果田區、杉湧酒造、平田牧場和加工廠，相關農
作產出每年固定送往四十萬人規模的生活俱樂部生協，而生活俱樂部的社
員也會每年定期辦理「庄內交流會」來遊佐產地拜訪，由生產和消費兩端
攜手全面守護糧食基地。試想，這是多麼動人的城鄉協力關係！

與生活俱樂部催生「共同開發米部會」成立
1965 年生活俱樂部生協是從牛奶共同購買運動出發。在這場深刻的牛奶共
同購買的思辨和行動中，發起人岩根邦雄和夥伴發現，資本主義運作之下，
大量生產、製造的「商品」，存在諸多的問題和矛盾，但個別的消費者卻
無力改變。生活俱樂部生協透過團結消費者行動，開啟日後消費端直接與
生產端合作之風潮。

1960 年美日簽訂安保條約，日本不得不接受美國龐大的農產輸出，代價是犧牲日本農民。1969 年日本政府提出「減反政策」，即農民廢耕即可領補助，從鼓勵增產到獎助廢耕，這種形同消滅農民的政策，讓很多農民無法諒解。

·

不甘心被迫放棄的農民起身行動。1970 年的年底，一位來自山形縣新余目農協的年輕米農，載了一卡車約兩噸重的白米來東京。自信滿滿的年輕人心想：好品質的米，都市人一定會買單。但賣了好幾天還是賣不完，又不敢把剩下的米載回，只好到處請託找人介紹。此時剛好遇上了岩根邦雄夫婦，因為岩根太太也來自山形縣，於是幫了這位來自家鄉的年輕人。

·

在生活俱樂部和山形縣的稻米有了初次交會，後來岩根邦雄透過友人介紹認識舊遊佐町農協。1972 年遊佐町農協和「生活俱樂部」生協雙方簽下產地直營的契約，雙方在 1988 年開始米的共同購買和學習，就稻米的品種與栽種方式、價格、流通之外，也對混合不同品種的米選出最美味的比例等議題進行討論。1992 年組織了「共同開發米部會」。

與農民研發「遊佐町」稻米品種與種植方式

在民眾普遍認為笹錦米、越光米才是好米的年代，生活俱樂部和遊佐町農民就共同協商，什麼才是適合遊佐的品種。目前，共同開發米混合了中熟品種「一見鍾情米」與早熟品種「真正中米」。過往遊佐也曾為這個合作案的稻米公開徵名，後來「遊 YOU 米」雀屏中選。當時還是高二生的佐藤修一投稿時的想法是：「遊 YOU 米可以把遊佐町、米，還有生活俱樂部的社員聯繫起來」，因為切中徵名的核心理念，「遊 YOU 米」這個品牌也一直延續至今。

·

多年下來共同開發米部會逐漸推展減農藥、施用循環肥料等栽種方式。為降低農藥使用，農民改用溫湯消毒稻種，即使用六十度的熱水浸泡稻種十分鐘，不使用藥劑。部會成員也遵守農藥使用成分數是山形縣慣行農法可容許使用量的二分之一，即八成分以下，甚至是挑戰三成分以下。

有農民更進一步嘗試栽培無農藥實驗米，儘管人數和面積還不大，但已有慢慢增加的趨勢，目前有 24 位成員，栽種田區面積達 28 公頃並持續擴大中。遊佐的稻米事業，猶如一座動力引擎，驅動信念堅定的農民，持續迎戰不同階段的考驗。

與部會成員們玩出新產品

遊佐的優質好米，當然也是在地酒品不可缺的主角。地區內的杉勇酒造和共同開發米部會密切合作，杉勇釀造各式清酒所需的米，由共同開發米部會的農友特別栽種。至於酒的另一主角──好水，則是來自鳥海山積雪融化的地下水，酒造廠所在的下方即有融雪的水脈。每年年底，稻作收割完成之後便是釀酒的時節，有些勞動力就是來自收割後農閒的農夫。因為是小型的酒造廠，杉勇一年的產量約五百石，所生產的清酒、味醂一部份供給生活俱樂部生協，一部份就在地方直接銷售。

除了釀酒、味醂和味噌的加工用米之外，2004 年啟動的飼料米計畫，也為遊佐的田地活化和地方經濟帶來新契機。

．

當時擔任飼料用米計畫主要推動者佐藤秀彰在 2012 年的《共同開發米部會二十週年紀念誌》分享，飼料用米計畫的目的在於充分活用水田，保全農地，避免連作障礙，建立耕畜合作的環保型農業，並提高日本糧食（及飼料）自給率。而遊佐的飼料米計畫可以成功，很大原因是生活俱樂部和共同開發米部會成員的果斷堅持，以及大家有接受新課題挑戰的勇氣。

．

有農民說：「我是喝過酒後，被騙來的。」
也有人說：「我早就超過六十歲了，這是最後一次和生活俱樂部玩了。」
佐藤秀彰表示，大家引以為傲也珍惜飼料用米，更感謝談笑間實踐共同理念的部會成員。

與「飼料米」連結計畫拯救日本餐桌

山形縣豐富的農產成為生活俱樂部重要的糧食基地，在生活俱樂部的引介之下，區內許多生產者也展開橫向的連結。例如由共同開發米部會、JA 庄內綠農協、平田牧場、生活俱樂部連合會、遊佐町公所共同構成的飼料用米計畫——「連結遊佐町・消費者・生產者的食復興計畫—— 以飼料米拯救日本的餐桌 06」。

．

從最初僅有 21 戶農家參加，到後來補助金制度完備，參與的農家數達十倍以上，遊佐町成為日本重要的飼料用米產地。由在地農友栽種的飼料米百分之百供町內的平田牧場的豬隻食用，以降低進口大豆和玉米的飼料需求量；對消費端來說，更有美味安心的畜產品。

．

日本的飼料用米計畫是 2004 年從遊佐的七公頃率先開始，多年經媒體報導後，日本各區也紛紛組團來遊佐見學取經。飼料用米可供餵雞、豬和牛，稻稈就直接攪碎再灑回稻田，而平田牧場產生的畜肥，也會回到庄內綠農友的田地，構築起一個循環農業的連結，維持水田、維護水源、養護地力。

與「極致遊佐」有機肥料共同滋養土地

在無農藥實驗米的實驗過程中，也觸發共同開發米部會成員思考「地區循環農業」，稻殼、米糠、不良的黃豆、牧場的豬糞尿等，這些農耕和畜牧的農業廢棄物是否有再利用的價值？思考的結果催生了寶貴的有機肥料。

·

正當曾任共同開發米部會會長的菅原英兒思索著：「遊佐產的原料難道不能做有機肥料嗎？」後來就遇到以遊佐黃豆的不良豆為主成分的有機肥料公司 ERDEC，又巧合的是 ERDEC 的肥料製造工廠竟然就位於遊佐。於是有機肥公司和農民，操著雙方熟悉的遊佐方言來討論。歷經三年的實驗，地域循環的「極致遊佐」有機肥料成功開發出來。

·

結合遊佐町內出產的稻穀、米糠、大豆、牡蠣殼，加上供應生活俱樂部雞蛋的埼玉鹿川綠農場載回的雞糞，米澤製油（生活俱樂部的合作生產者）的菜籽油粕渣，這可說是地方「小的循環」和外部「大的循環」相互滋養而有的「極致遊佐」有機肥料。

與能源自給的「中央穀倉」做環保

為了進一步落實循環農業，庄內綠農協進一步思考提高能源自給的方案，分別從活用天然能源（太陽能發電、小型水力發電、風力發電），並致力提高肥料自給力，而田間農機使用的燃料則使用油菜子油，而且使完畢的油菜子又可再還原到遊佐農地。

·

2010 年庄內綠農協利用「農山漁村活化計畫補助金」完成的遊佐中央穀倉乾燥儲存設施，此設施具有處理水稻面積 650 公頃、黃豆 300 公頃的能力。加上南西部地區穀倉（可處理水稻面積 350 公頃），以稻穀狀態，保管相當於遊佐町總面積一半的 1,000 公頃的米穀。

·

遊佐中央穀倉運用太陽能發電系統，在屋頂安裝了 896 片的光電板、面積約 1,100 平方公尺、系統容量是 160 千瓦，還有每年 156,000 千瓦的發電能力。來自太陽能的發電量就用在稻穀和大豆的烘乾，廠區內的設備動力、

杉勇酒造的水是來自鳥海山的雪。張雅雲／攝影・

平田牧場產出的豬是利用飼料計畫。張雅雲／攝影・

照明和空調電力均是來自太陽能發電系統，有時用不完的電力還可以賣給商業電力公司，或是不足的電力也會從商用電力來補充。中央穀倉採用太陽能發電不增加碳排，可說是一座環保的穀倉，也兼顧了稻米的品質和美味。

一起邁向「FEC 自給圈」之路

以稻貫之，遊佐町「共同開發米部會」串起地方循環農業的可能，過程中更難能可貴的是，與「消費組織生活俱樂部」持續討論、接受挑戰和實驗。如果沒有這些共同奮戰的經驗，有機米的種植規模無法穩定擴大，更不會有飼料米計畫的「米飼豬」出現。

·

從農民種植安心稻米的穩定供給，到穀倉能源自給行動的探索，遊佐町一路呼應著生活俱樂部近幾年倡議的理念「FEC 自給圈[07]」。放大尺度來看，在遊佐町的故事是，庄內綠農協和生活俱樂部的攜手合作，示範了消費支持生產、生產確保消費端安心和安全的糧農生產系統。

·

一個鄉村的小町，可以是都市消費組織的主要生產基地。消費團體的結集消費力，可以撐起一個町村的農家生計。透過遊佐町的案例，我們也可以審慎擘劃與實現，臺灣城鄉共好經濟的未來。

教戰守則

◆生產者與消費者組成的組織成為區域發展的動能中心，連結其中成員，依照各自擅長與興趣發展不同層次的分工，讓地方上每一個需要照顧的角落都發光，都被照顧到。

◆稻米加工可視消費需求，讓一地區農民各負責栽種不同品種，以供鮮食用、米醋米霖清酒釀造用或飼料用米，提供市場不同產品、做出特色區隔，也有效分散單一品種滯銷的風險。

◆面對高齡化、勞動力老化、氣候急遽變化的環境，FEC 自主圈中，臺灣農村尚未能關照的能源議題與照護服務，現在必須整合思考，為正在發生的近未來，提前準備以因應衝擊與挑戰。

春日的山居倉庫。張雅雲／攝

註

● *01*｜**水活性**

水份是影響食物劣變的重要因素，而水活性的定義是在密閉空間中，某一種食品的平衡水蒸氣壓和在相同溫度下純水的飽和蒸氣壓的比值，換句話說，就是「微生物可直接利用水的程度」，若能將食品的水活性控制在 0.85以下，能大大降低食物腐敗的風險。

● *02*｜**無步**

福佬語，沒轍的意思。

● *03*｜**農村婦女副業經營班**

農委會為改善農家婦女經濟能力及減緩台灣加入 WTO後對農家生計之衝擊，2001 年開始培育農家婦女副業技能，輔導農家婦女發揮經營產業的潛能及團隊經營的力量，並利用周遭的農業資源經營副業，開創新的收入來源。並為該等專案輔導之農村婦女集體開創之副業經營班註冊登記名稱及識別標章統稱為「田媽媽」。參考資料：https://reurl.cc/pDp7zr（瀏覽日期：2019.11.19）

● *04*｜**生協**

生活協同組合的簡稱，意即台灣民眾熟知的消費合作社。

● *05*｜**俵**

一俵為六十公斤

● *06*｜**連結遊佐町‧消費者‧生產者的食復興計畫——以飼料米拯救日本的餐桌**

參考資料：跟消費者站在一起，以前是，未來也是（https://reurl.cc/NaE3Oq；瀏覽日期：2019.12.06）

● *07*｜**FEC 自給圈**

推動糧食（Food）、能源（Energy）、照護（Care）三環節的自給目標，成為遊佐町近年的發展願景，彼此連結達成加乘效果。

CHAPTER

3

第三章

後記

食品工業發展研究所退休研究員 —— 林欣榜專訪

張雅雲

臺灣為什麼會有愛文芒果乾呢？原來這和芒果生產過剩有關。1981 年，臺南玉井農會把 54 公噸的芒果倒入曾文溪 *01*，在那不曾銷毀芒果的年代，新聞報導後引發農政單位高度關切，立即指示食品工業發展研究所（以下簡稱食工所）協助解決芒果過剩問題，而林欣榜正是當年負責研發芒果加工的研究者。

·

林欣榜，海洋大學水產製造系畢業之後，即投入食品加工產業，見證臺灣罐頭出口輝煌的年代；1980 年進入食工所服務，直到 2009 年退休，長年協助輔導農村小型食品加工計畫、農會伴手禮加工輔導等計畫，臺灣各地農會和社區均有他的足跡。林欣榜和臺灣農村小型食品加工發展有著深厚因緣，其個人的工作經驗也猶如臺灣農產加工發展之縮影。

·

林欣榜說：「我 1972 年畢業，畢業年頭一年就進入罐頭工廠。當時成本兩百元的洋菇，外銷可以賣到七百多，而老師的薪水一個月是八百元。」那年代大部份的農業是靠手工，像是洋菇、蘆筍，還有陽明山的桶柑，都曾做過罐頭出口外銷。1970 年臺灣出口的洋菇罐頭是世界第一、鳳梨罐頭是世界第二。

·

因農復會有美援的資源，最早發展洋菇。由農復會農業組選訂西部日光充足區，開始在海線試種洋菇，延請美國人來教授，並在苑里大甲設加工廠，再交由外貿協會負責銷售。當時為臺灣農產外銷立大功的洋菇罐頭、蘆筍罐頭，都和李秀有關。李秀是臺灣的洋菇之父，除了把洋菇作成罐頭外銷，成為「農業培養工業」政策示範外，1963 年李秀赴歐洲考察時發現，蘆筍在德法相當受歡迎，歐洲人吃蘆筍是帶皮吃，但纖維太粗的蘆筍皮，有些

人吃不下去就會留在盤子裡。於是李秀興起「為什麼不削皮」的疑問，開始投入研發「蘆筍削皮裝罐法」製成罐頭外銷西德。

・

至於臺灣有「蘆筍汁」出現，又是另一則故事。林欣榜說，因為蘆筍外銷工廠有很多的外皮，1968 年味王公司參考日本品牌做出「安斯百露佳素 02」，取截切頭的那段去做蘆筍汁；後來津津出產外銷的蘆筍罐頭，也有蘆筍汁，但津津是利用外銷的蘆筍有很多皮去熬煮、過濾，再加退火配方；另一公司波蜜也曾出過蘆筍汁。蘆筍汁的出現，是農業廢棄再加工的成功開發，誕生了特定年代氛圍的飲料。

・

臺灣發展農村小型食品加工不僅因應鄉村生產過剩問題，還有創造就業機會、增加農家收入、發展地方特色產業之期許。回顧臺灣農業的發展歷程，農村食品加工一直是鑲嵌在大環境裡的重要章節。經歷了 1945 至 1953 年戰後復原期；1953 至 1971 年以農業培養工業、工業發展農業階段，到了 1972 至 1984 年則是農工並重；1984 至 1990 年則是進入自由化調整階段，之後因應臺灣在 1990 申請加入 GATT 03，在 2002 年加入 WTO，國內農業產業結構調整又邁入另一階段。

・

林欣榜表示，食工所在此計畫的參與角色，1981 年以前是諮詢階段，由食工所提供食品加工技術供農會改進參考；1982 年以後為參與研究階段，食工所實際投入小型實驗研發，協助農會或農民從事加工技術或現場作業環境改善。也在這時期，林欣榜接到了「解決芒果生產過剩」這道考題。

・

1981 年五月初，早熟種芒果搶先上市，來到一斤八十元的好價，農民都認為是好兆頭。怎麼也沒想到，五月底隨著產量增加，市場貨源無缺，價格六月初已來到一斤十元以下。農民如常開著拼裝車往鄉公所的拍賣市場送，扣除運費和管理費，有的農民已是血本無歸。

・

當時玉井農會總幹事江樹人，隨即研擬解決辦法，尋找食品加工廠收購以求供需平衡，但食品廠仍無法解決龐大產量，最後江樹人決定動用農會共

同運銷安定基金，以十一萬來收購這些滯銷的芒果。出身臺大經濟系的江樹人，深知供需對市場價格之影響，於是他做出臺灣前所未有的決定——銷毀芒果。

·

六月十一日上午八點，玉井農會在豐里吊橋頭收購了四百多位農友的芒果，總計 31 公噸，這些芒果由農會職員倒入曾文溪；十二日，農會依舊在豐里吊橋頭收購，約三百農民交貨、買入 23 公噸芒果。總計約 54 公噸芒果全數投溪銷毀後，市價開始回穩，二天收購達到預期效果即停止。

·

玉井農會在曾文溪倒入芒果銷毀，新聞一出後震驚全國，也讓農政單位意識到事態嚴重，解決內銷供需和價格平穩問題是刻不容緩。農委會於是指派食工所投入芒果加工研發，以調節芒果生產過剩之產銷失衡問題。

·

林欣榜在食工所的交付任務下，展開芒果果乾蜜餞的實驗。1982 年，林欣榜在芒果產季買了一箱芒果，花了二個多月時間進行測試，以室溫將芒果催熟，因為一箱芒果不會同時有不同熟度的芒果，得累積到有五種熟度的芒果，再一起實驗。林欣榜表示，講的和看的不準，糖度、酸度、成熟度、質地和硬度，都要有數據。當時全研究所有 68 人，做好的成品請十一位同仁來試吃。透過大家的品評，找出最佳風味的大概落點：諸如，鮮果取肉要切多厚，是 1.2、1.5 還是 2 公分？殺菁條件為何？用酵素去測，得掌握多久時間才不會變黑；又要確定乾燥時間、糖度、水活性和糖酸比，這些都需要明確數據進行分析統計。

·

經過加工測試以及第二年保存實驗成功後，農委會就對林欣榜說：「快去輔導吧！」1984 年食工所將芒果加工技術轉移給玉井農會斗六加工站生產。1985 年食工所繼續輔導山上農會設立芒果加工站，該站的設備添購、廠房設計、機械配置、現場加工示範均由林欣榜協助規劃和輔導，而山上農會出產的芒果乾也在當年農林廳主辦的「74 年度農特產品競賽」榮獲特等獎。

·

林欣榜說，這些因輔導加工認識的農民不但成為朋友，而且是保持聯絡切磋專業的老朋友。除了芒果乾的開發之外，臺灣的地方特產加工，從宜蘭金棗、白河的蓮藕粉、新竹柿餅、筍乾和筍片加工，均有林欣榜參與的身影。

・

宜蘭金柑的真空糖漬加工規劃，林欣榜從採收後進場的選果、醃漬保存、漂水、針刺、浸糖液、濃縮、調配、殺菌，詳細規劃細部流程，甚至大型鍋具和吊車機械原理，都是自己看書研究而來。1986 年金柑糖漬技術轉移青果合作社宜蘭分社，締造了一年外銷十八貨櫃，產值三千多萬臺幣的好成績。

・

做好的第一包金柑蜜餞送到農委會，得到農委會之肯定，提報林欣榜以公費出國赴日進修取得東京農業大學農藝化學碩士學位，而林欣榜日後也以更專業的學識來回饋。

・

不只出國進修，推動農村小型農產加工的歷程，林欣榜也參與十八次的農業外交。在農業外交第一線服務的經歷，讓林欣榜體會到開展外交關係應該是全民責任。農業外交任務是什麼樣的內容？又農產加工專業者如何觀察評估並提出建議或具體輔導措施呢？

・

在林欣榜參與的眾多場農業外交，「泰國北部山地計畫」是屬較長期計畫和陪伴的任務。臺灣和泰北的農業外交始於 1969 年，泰皇為消滅泰北山區罌粟花，解決山居民眾生計，因而邀請臺灣福壽山農場副場長宋慶雲教導當地居民種果樹，以水果增加農民收益，漸進取代罌粟花、杜絕鴉片問題。轉眼二十年過了，昔日栽下的果樹已成林，水果除了鮮銷外，也產生過剩問題。農民在當地清邁大學協助下做了部份水果的初級加工，但品質未達理想。於是泰國皇家基金會透過我國海外技術合作委員會駐泰農技團，邀請食工所赴清邁考察。

・

宋慶雲當年教種的果樹包括：梅子、李子、桃子等，於是林欣榜教授如何

醃漬這些水果，在當地並未發展蜜餞加工。1992 到 1993 年輔導醃梅子，並調整成泰國人可食用的醃梅。林欣榜表示，泰北山區民眾蒸魚的時候，會在魚上方舖幾顆醃梅再蒸，不再用鹽。1996 年林欣榜再度造訪時，拜訪皇家山地計畫負責人，就李子加工檢討、改進；並訪問清邁大學，了解大學的實習工廠並品嚐其製成的樣品；也輔導梅黑加工站柿餅和李子加工技術。

·

因為泰北山地計畫是較長期的交流，林欣榜對泰國方面也持續提出具體建議，例如：在政策面需成立專責之農產加工研究小組；獎勵廠商到泰北投資設廠；建立良好流通系統，因流通運銷是泰北較弱的一環；訂立合理的回饋制度，利用泰北經營上軌道之工作站收取回饋基金，繼續支持「泰王山地計畫」推展到其他偏遠山區。在技術面上的建議，不論是品種篩選、原料選別分級、縮短原料在室溫滯留時間、避免水果壓傷、選擇適當的加工地點、農民定期之教育訓練和檢討，林欣榜猶如輔導臺灣農民般——詳實叮嚀，毫不藏私。

·

後來俄羅斯的出訪，則是因外交部為了加強與俄羅斯之雙邊關係，透過國際合作發展基金會 04 進行農業（蔬果）食品加工合作計畫案。2004 年林欣榜和國合會代表出訪，僅二人前往俄羅斯伏爾加格勒省（Volgograd），拜訪地方行政首長之後，隨即展開緊湊行程，了解當地農產品生產、加工和銷售概況，參觀蔬菜生產農場和國營農場；走訪傳統市場、超級市場蒐集蔬果加工資料；實地勘查蔬果加工廠預定地點。

·

為了讓俄羅斯成員對蔬果加工的可能有更真實體會，林欣榜從臺灣帶了真空油炸產品試吃，並現場沖泡真空乾燥蔬菜湯樣品。二種樣品均得到俄方成員很高評價，伏省首長有很高的生產意願。

·

既然是加工計畫的可行性評估，在走訪各點之後，林欣榜務實分析伏省發展加工的可行性，從原物料供應、加工技術、真空油炸及冷凍乾燥比較、生產成本估算、銷售通路等逐一釐清解析，這些資料都收錄在從林欣榜所

撰的〈海外見聞——俄羅斯蔬果加工計畫可行性評估〉。再次閱讀這些檔案資料，仍然可感受專業輔導人員在一線，不論是國內偏遠地區或是國外，認真務實和協助農民解決問題的信念始終如一。

·

觀察一位研發輔導者的長期參與，我們更能深入思考農村小型食品加工的潛能。透過研究和實務之間的來回印證，林欣榜肯定農村小型食品加工可創造的價值。農產加工具有季節性和地方性的特色，以及加工期不長的侷限。要提升地方農會或農民的實力，就得設法延長加工期，結合休閒農業來思考，打造地區產業合作共好。林欣榜曾提出「以休閒農業帶動農特產品銷售，以農特產品吸引休閒農業」的理念，消費者要來當地才買得到具有在地特色的農產加工品，讓觀光、休閒和地方特產品全面整合，朝六級產業發展。

·

在農村加工食品裡品嚐臺灣地方風土、感受農民智慧；在「衛生安全」和「生產製造」回應消費者對食安的期待；在法規修訂中落實農民對農村食品加工之需求。時代巨輪滾動下的農村小型食品加工不僅是技術，它蘊涵了傳承地方食智慧和農業文化的價值，更有著農民、加工業者、研究單位和國家政策在迎接時代變遷下，大家共同的創新和進擊。

註

● 01 ｜ **芒果倒入曾文溪事件**

資料來源：芒果的震撼—玉井農會銷毀芒果的教訓（https://reurl.cc/b6yMjX；瀏覽日期：2019.12.06）

● 02 ｜ **安斯百露佳素**

為蘆筍英文 Asparagus 的音譯。

● 03 ｜ **GATT**

關稅暨貿易總協定（General Agreement on Tariffs and Trade，縮寫為 GATT）

● 04 ｜ **國際合作發展基金會**

國合會 (TaiwanICDF) 成立於 1996 年，為台灣從事國際發展合作工作的專責機構。為配合國家外交政策之需要，秉持著「合作共榮」、「永續發展」及「人道關懷」的使命，以協助友好或開發中國家經濟、社會、人力資源發展、增進與友好或開發中國家間經濟關係、提供遭受天然災害國家或國際難民人道協助為己任。

參考書目

◉ 王御風、黃于津，2019，〈鳳梨罐頭的黃金年代〉。高雄，高雄市政府文化局。

◉ 小泉武夫著、魏俊崎譯，2018，〈繪圖解說：麴的秘密〉。台北，晨星。

◉ 行政院農業委員會，2016，〈農漁村傳統智慧集錦 — 保存食系列〉。台北：五南。

◉ 李秀，1997，〈臺灣近代五十年食品工業發展工作文件集〉，台北，編者自印。

◉ 李秀，2013，〈臺灣食品加工之見證 — 李秀回憶錄〉。台北，華香園。

◉ 林欣榜，2010，〈蔬果加工理論與實務〉。新北，金名。

◉ 林欣榜，1986，〈發展農村小型食品加工事業〉《食品工業》，18(01)：20-21。

◉ 林欣榜，1996，〈由罌粟到果樹的泰北 — 輔導泰北水果加工技術記要〉，《食品工業》，28(09)：46-49。

◉ 林欣榜，2004，〈海外見聞 — 俄羅斯蔬果加工計畫可行性評估〉，《食品工業》，36(10)：51-56。

◉ 林錦宏，2012，〈地方特色產業與臺中區農產旅遊伴手禮行銷〉，《臺中區農業改良場特刊》111：105-108。

◉ 施明智、蕭思玉、蔡敏郎，2017，〈食品加工學〉。台北：五南。

◉ 高淑媛，2014，〈經濟政治與產業發展 — 以日治時期臺灣鳳梨罐頭為例〉。新北，稻鄉。

◉ 徐茂揮、古麗麗，2018，〈自己釀：DIY 釀醬油、米酒、醋、紅槽、豆腐乳 20 種家用調味料〉。台北：遠足。

◉ 陳昭郎，2008，〈休閒農業園區發展策略〉，《農業推廣文彙》53：251-258。

◉ 遊佐町共同開發米部會，2012，《共同開發米 20 周年記念誌》。

◉ 賴青松，2002，〈從廚房看天下—日本女性「生活者運動」30 年傳奇〉。台北：遠流。

◉ 豐年社，2017，〈食安當前－農產加工大進擊〉。台北：豐年社。

農產加工不只醬：開箱地方創生的風土 WAY

編著：財團法人農村發展基金會

企劃：財團法人農村發展基金會

撰稿：丁維萱、李建緯、林寬宏、陳怡如、陳淑慧、黃仁志、張雅雲、曾怡陵、謝綾均（按姓氏筆劃排列）

責任編輯：陳芬瑜、張雅雲、林寬宏

出版：蔚藍文化出版股份有限公司

地址：10667 臺北市大安區復興南路二段 237 號 13 樓

電話：02-2243-1897

臉書：https://www.facebook.com/AZUREPUBLISH/

讀者服務信箱：azurebks@gmail.com

社　　長：林宜澐

總 編 輯：廖志墭

企劃執編：彭雅倫

編輯協力：潘翰德

書封設計：林婉筑

編排設計：劉子豪

致謝：

Me 棗居自然農園、山上區農會、三星地區農會、中福酒廠股份有限公司、禾餘麥酒股份有限公司、行政院農業委員會農糧署、有限責任南投縣南投市鳳梨生產合作社、東豐拾穗農場、南庄鄉農會、財團法人食品工業發展研究所、御鼎興柴燒醬業有限公司、無思農莊釀造直販所、鈺豐農特產行（蜜旺果舖）、財團法人慈心有機農業發展基金會、源順食品有限公司、臺東地區農會（按首字筆劃排列）

總經銷：大和書報圖書股份有限公司

地址：24890 新北市新莊區五工五路 2 號

電話：02-8990-2588

法律顧問：眾律國際法律事務所

著作權律師：范國華律師

電話：02-2759-5585

網站：www.zoomlaw.net

印　　刷：世和印製企業有限公司　　I S B N：978-986-5504-07-6

定　　價：台幣 380 元

初版一刷：2020 年 1 月

初版二刷：2020 年 3 月

國家圖書館出版品預行編目（CIP）資料　　　　　　　　．

農產加工不只醬：開箱地方創生的風土 WAY /
財團法人農村發展基金會著 .-- 初版 .-- 臺北
市：蔚藍文化，農村發展基金會，2020.01
206 面；17x23 公分
ISBN 978-986-5504-07-6（平裝）

1. 農產品加工　2. 產業發展
439　　　　　　　　　　108022293